图 7.1　北京常住外来人口数量的分布图

（资料来源：全国第六次人口普查的数据）

图 7.3　北京常住外来人口比例分布

75%~100%
50%~75%
25%~50%
10%~25%
0~10%

(a) 外来人才在京居住比例分布   (b) 外来人才在京就业比例分布

图 7.4　外来人才在京居住、就业比例分布

图 8.8　支持向量机图例

图 8.9　三维空间的切割

大数据

技术及应用教程 第2版

李联宁 ◎ 编著

清华大学出版社

北京

内 容 简 介

本书详细介绍了大数据技术的基础理论和主流前沿技术。全书共分 9 章,分别介绍目前面临的大数据时代、大数据系统的基本结构、大数据采集与预处理、大数据处理基础架构——云计算、计算模式与处理系统、查询展现与交互、大数据分析与数据挖掘、隐私与安全、前沿技术及应用、行业案例研究。

每一章除讲解相关理论外,还讲解了适用技术及案例。各章都附有案例以帮助读者学习、理解和实际工程应用。为方便教师教学,本书附有全套教学 PPT 课件、教学大纲、教学计划。

本书主要作为高等院校计算机类专业、电子信息类专业、经济类专业、管理类专业相关本科生和研究生专业基础课的教材,也可以作为干部培训、职业技术教育以及职业培训机构的云计算与大数据分析技术的专业训练教材。

图书在版编目(CIP)数据

大数据技术及应用教程/李联宁编著. —2 版. —北京:清华大学出版社,2023.6(2024.7重印)
ISBN 978-7-302-63657-1

Ⅰ.①大… Ⅱ.①李… Ⅲ.①数据处理-高等学校-教材 Ⅳ.①TP274

中国国家版本馆 CIP 数据核字(2023)第 088690 号

责任编辑:白立军
封面设计:杨玉兰
责任校对:李建庄
责任印制:宋 林

出版发行:清华大学出版社
      网 址:https://www.tup.com.cn,https://www.wqxuetang.com
      地 址:北京清华大学学研大厦 A 座   邮 编:100084
      社 总 机:010-83470000   邮 购:010-62786544
      投稿与读者服务:010-62776969,c-service@tup.tsinghua.edu.cn
      质量反馈:010-62772015,zhiliang@tup.tsinghua.edu.cn
      课件下载:https://www.tup.com.cn,010-83470236
印 装 者:三河市铭诚印务有限公司
经 销:全国新华书店
开 本:185mm×260mm 印 张:14.75 插 页:1 字 数:342 千字
版 次:2016 年 10 月第 1 版 2023 年 7 月第 2 版 印 次:2024 年 7 月第 2 次印刷
定 价:49.80 元

产品编号:096786-01

FOREWORD

前言

本书响应习近平总书记在中国共产党第二十次全国代表大会上的报告中提出的加快构建新发展格局,着力推动高质量发展中推进网络强国、数字中国;推动战略性新兴产业融合集群发展,构建新一代信息技术、人工智能等一批新的增长引擎;以及实施科教兴国战略,强化现代化建设人才支撑等要点内容,在加强大数据教学方面注重学生对大数据应用的认识和理解,提高学生的信息技术应用能力,培养学生的信息化素质,为社会的数字经济发展贡献力量。

本书试图在大数据技术理论的基础上对大数据分析前沿技术做全面、详细的介绍,给出实际案例及行业解决方案,达到技术全面、案例教学及工程实用的目的。

本书第1版发行后主要被用于大学本科专业基础课教学,应用广泛、教学效果良好。随着近年来大数据技术的飞速发展,各行各业的数据分析应用日益广泛,编者为紧跟前沿技术发展,遂撰写了第2版,对第1版约30%的内容进行了更新。其中,增加了2.3节、第8章,把第1版中的4.3.4节、4.3.5节移入第9章,修改了部分习题。

本书主要分为4部分,共9章,分别按大数据的技术架构分层次详细讲述涉及大数据分析系统的各类相关技术。

第一部分 大数据基础知识,简单介绍目前面临的数字化时代与信息社会的状况、大数据的定义和特点、大数据技术基础、大数据的社会价值、大数据的商业应用、大数据基本架构等,包括第1章和第2章。

第二部分 大数据理论与技术,介绍涉及大数据分析的基本理论与技术基础,按照技术层次分别介绍大数据系统输入、云计算、大数据存储、大数据计算模式与处理系统、大数据查询、数据展现与交互、大数据分析与数据挖掘、大数据隐私与安全,包括第3~7章。

第三部分 大数据前沿技术及应用,介绍大数据引发的新一代信息技术变革浪潮、大数据各个过程的技术与发展前景,包括第8章。

第四部分 行业案例,以银行、保险、证券、金融行业为例,介绍涉及大数据分析的理论与技术方法在具体行业中的应用,包括第9章。

本书主要作为高等院校计算机类专业、电子信息类专业、经济类专业、管理类专业相关专业本科生和研究生专业基础课的教材,安排课时为 48 课时(3 学分)。若课时缩减,可概要叙述第一部分,主要讲解第二部分,并安排学生在课外自主阅读每章最后的案例。第 8 章和第 9 章内容仅供教师和学生参考。

除第 8 章和第 9 章外,本书各章都附有习题,以帮助读者学习理解相关知识并用于实际工程中。随书配套有开放的全书教学课件(PowerPoint 演示文件)以便教师使用。

本书由李联宁教授编著,在编写本书过程中,参考了国内外大量的云计算网络、大数据分析技术的书刊及文献资料,主要参考书籍及研究论文在参考文献中列出。但由于大量来自网络的资料未能详尽标注作者及文献资料来源,疏漏之处在所难免,在此一并对诸书刊文献的作者表示感谢。

若有遗漏,恳请相应书刊文献作者及时告知,编者将在书籍再版时列入。若发现本书有错误或不妥之处,恳请广大读者不吝赐教。

本书为西安交通大学城市学院教改教材建设计划项目,一并致谢。

编　者

2023 年 1 月

CONTENTS

目录

第一部分　大数据基础知识

第二部分　大数据理论与技术

第三部分　大数据前沿技术及应用

第四部分 行业案例

第一部分　大数据基础知识

第 1 章

大数据时代

◆ 1.1 数据时代

当今,信息技术为人类步入智能化社会开启了大门,带动了互联网、物联网、电子商务、现代物流和网络金融等现代服务业的发展,催生了车联网、智能电网、新能源、智能交通、智能城市和高端装备制造等新兴产业的发展。

现代信息技术正成为各行各业运营和发展的引擎,但这个引擎正面临大数据的考验。各种业务数据正以几何级数的形式爆发,其格式、采集、存储、检索、分析和应用等诸多问题,不再能通过传统的信息处理技术加以解决,这些问题为人类实现数字社会、网络社会和智能化社会带来了极大障碍。

1.1.1 大数据时代的到来

2012 年以来,"大数据"(big data)一词越来越多地被人们提及,人们用它来描述和定义信息爆炸时代产生的海量数据,并被用于命名与之相关的技术发展与创新。大数据已经上过《纽约时报》《华尔街日报》的专栏封面,进入了美国白宫官网的新闻,也现身在国内一些互联网主题的讲座沙龙中,甚至被嗅觉灵敏的证券公司写进了投资推荐报告。

大数据在物理学、生物学和环境生态学等领域以及军事、金融和通信等行业存在已有时日,近年来更因为互联网和信息行业的发展而引起人们关注。

统计数据显示:2015 年,我国大数据产业规模已达到 2800 亿元;2016 年,我国大数据产业规模已达到 3600 亿元;2017 年,我国大数据产业规模增长至 4700 亿元,同比增长超过 30%;2018 年,我国大数据产业规模达到 5400 亿元,同比增长约 15%。预测在 2023 年,我国大数据产业规模将突破万亿元。

1.1.2 数据、信息与知识的演进

从信息时代到大数据时代的演进直接导致知识"大爆炸",如何更有效地获取知识并形成智慧是一个值得人们思考的问题。要解决这个问题,须先弄清楚数据、信息、知识、智慧的概念和它们之间的逻辑关系,并从中找到有章可循的规律,这才是数字化学习的关键所在。

1. 数据应用的 4 个步骤

其实数据本身是很难被直接利用的,必须要经过一定的处理。例如,从用户智能手环收集的是数据,网上的网页也是数据,人们称之为 Data。这些数据本身没有什么用处,但数据里面包含一个很重要的东西,那就是信息(information)。

数据往往是杂乱的,只有经过梳理和清洗,才能够被称为信息。信息会包含很多规律,从规律总结出来的被称为知识(knowledge)。面对这些信息,有人什么也看不到,但有人看到了电商的未来,有人看到了直播的未来,有人看到了短视频的未来。如果从信息中没有提取出知识,天天只看朋友圈,那么只能在互联网滚滚大潮中做个看客。

图 1.1 数据应用的 4 个步骤

知识可以被应用于实践,有的人会做得非常好,这叫有智慧(intelligence)。有知识并不一定有智慧,例如,很多学者有很多知识,根据已经发生的事情可以从各个角度分析得头头是道,但一到实践就不行了,并不能将知识转化成智慧。很多创业家之所以伟大,就是将获得的知识应用于实践,最后成就了一番事业。

数据的应用分 4 个步骤:数据、信息、知识和智慧,如图 1.1 所示。

最终阶段是很多商家都想要的结果。商家收集了许多数据,并基于这些数据做下一步的决策,改善自身的产品。例如,当用户看视频时旁边弹出广告,显示他想买的商品;当用户听音乐时,推荐一些他非常想听的音乐。

用户在应用软件或者网站上随便单击的链接、输入的文字对商家来说都是数据,商家就是将其中某些东西提取出来,指导实践,形成智慧,从而让用户陷入应用软件里面不能自拔。

有人说"双十一"都想断网了,因为他爱人在网络上不断地买,买了 A 又推荐 B。这个程序怎么这么厉害,这么有智慧,这件事情是怎么做到的呢?答案就是大数据分析。

2. 数据如何升华为智慧

数据的处理分 5 个步骤,如图 1.2 所示。

1) 收集数据文本

此步骤需要从互联网收集数据,具体的收集方法有两种。

(1) 抓取。抓取也称爬取,是收集方主动从目标网站或其他数据源获取数据的方法,例如,搜索引擎的爬虫程序就是将互联网的信息摘要下载至自身的数据中心供用户检索和调用。

(2) 推送。推送是数据收集方被动地从目标设备(如互联网服务器、个人智能终端)接收数据的方法。例如,小米公司的 Zepp 运动 App 可以接收小米智能手环、智能手表发送的用户运动数据(包括步数、心率、运动时间等),并可将数据集中处理后返回给用户的智能终端(如智能手机、平板电脑等)供用户查看。

图 1.2　数据如何升华为智慧

2）处理数据文本

此步骤可以将数据结构化,具体处理过程包括解析、分词、分析语义、分析链接、识别命名实体、分类、去重等使之构成结构规范、内容统一的信息。由于多数数据的量非常庞大且多为数据流形式,因此多需要服务器以队列的方式予以处理。

3）存储数据,建立索引

这两个操作是并行的,为处理后的数据建立索引,然后将之存储到服务器备用。此步存储的数据是未来大数据应用的数据基础,也是未来被用于处理和分析的数据源。

4）处理数据

上一步骤存储的数据虽然包含索引,但其本身只是大量信息的堆叠,并不能体现真正的价值。要想发挥这些数据的真正价值,必须将之去芜存菁,清洗过滤掉脏数据,保存高质量且对未来分析有意义的信息,具体处理过程包括生成摘要、高亮、分类、聚类、创建查询建议等,为未来的数据挖掘建立基础。

5）检索和挖掘数据

本步骤的作用就是使用之前步骤处理后的数据结果,进行检索和挖掘工作。具体处理过程包括分析语法、分词、处理语言、检查拼写、查询扩展,从数据中找出深层次的信息,或挖掘数据变化的趋势,形成真正的知识。

整体来看,知识的演进层次是双向的,知识、信息与数据的双向演进如图 1.3 所示。

从噪声中分拣数据,将之转化为信息,升级为知识,升华为智慧。这一过程是信息管理和分类的过程,是让信息从庞大无序到分类有序的过程,也就是知识管理的过程。

反过来,随着信息生产与传播手段的极大丰富,知识生产的过程其实也是一个不断衰退的过程,从智慧传播为知识,从知识普及为信息,从信息变为记录的数据。

需要明确的是,大数据分析与处理的最终目标是从复杂的数据集合中发现新的关联

图 1.3　知识、信息与数据的双向演进

规则,继而进行深度挖掘,得到有效用的新信息。人们的最终目的是从数据到知识,从知识到智慧,从数据中形成智慧是人们进行大数据处理的目标,如图 1.4 所示。

图 1.4　大数据分析与处理的目标

对数据有了基础的了解后,透过数据在生活中的应用,进而可以了解大数据的形态、样式、影响与效益。

1.1.3　数据

数据指对客观事件进行记录并可以鉴别的符号,是记载客观事物的性质、状态以及相互关系等的物理符号或这些物理符号的组合。总之,数据是可识别的、抽象的符号。

数据不仅指狭义上的数字,还可以是具有一定意义的文字、字母、数字符号的组合、图形、图像、视频和音频等,也是客观事物的属性、数量、位置及其相互关系的抽象表示。例如,学生的档案记录、货物的运输情况等都是数据。数据经过加工后就成为了信息。

数据的表现形式并不能完全表达其内容,需要经过解释,数据和关于数据的解释是不可分的。例如,93 是一个数据,可以指一个同学某门课程的成绩,也可以指某个人的体重,还可以指计算机系 2022 级的学生人数。数据的解释指对数据含义的说明,数据的含义被称为数据的语义,数据与其语义也是不可分的。

1. 数据的单位

在计算机领域,一个二进制位被称为 1 比特,一般用小写 b 表示;8 个二进制位称 1 字节,用大写 B 表示。简言之,1B=8b。

计算数据量或数据所需存储空间容量时,习惯以字节为单位(用 B 表示)。

1kB=1024B,1MB=1024kB,1GB=1024MB,1TB=1024GB,1PB=1024TB,1EB=

1024PB,1ZB＝1024EB。

例如,一首时长为 3min 的歌曲被录制成 MP3 文件,大小约为 8MB,那么 1ZB 的数据存储空间可存储类似时长、格式的歌曲 140 万亿首,如果全部听一遍,需要 8 亿多年。

计算网络传输速率时习惯用比特每秒为单位(用 b/s 表示)。1Pb/s 和 1Gb/s 分别代表 1s 传输的数据量是 1Pb 和 1Gb。

网络速率 1Gb/s(此处是小写 b)的情况下,下载一个 2GB(此处是大写 B)的电影,需要 16s;而网络速率 1Pb/s 的情况下则仅需要 0.016ms。

2. 数据类型

整体上人们将数据类型分为结构化数据、半结构化数据和非结构化数据。

1）结构化数据

结构化数据能够用数据或统一的结构加以表示,如数字、文字和符号。结构化数据严格地遵循数据格式与长度规范,可以是由二维表(有行有列,如工资表、课程表)结构来表达和实现逻辑。结构化数据主要通过关系数据库存储和管理。

例如,做一个职工工资系统,要保存员工的基本信息:编号、姓名、应付薪酬和代扣项目等,就可以建立一个对应的员工工资表,如图 1.5 所示。

员工工资表

姓名	身份证号码	银行卡号	业绩分数	工资构成				工资总额	日工资	应出勤	实出勤	扣缺勤工资	应发工资	扣款				实发工资	领款人签字	备注
				岗位工资	职务津贴	工龄工资	通讯费							养老保险	失业保险	伙食费	其他			
姓名1			56	7200	800	50.00	30.00	8080.00	120.00	30	26	480.00	8560.00	50	50	50		8410.00		
姓名2			183	6000	800	50.00	100.00	6950.00	100.00	30	26	500.00	7450.00	50	50	50		7300.00		
姓名3			180	5000	800	50.00	30.00	5880.00	110.00	26	24	220.00	6100.00	50	50	50		5950.00		
姓名4			190	4000	800	50.00	100.00	4950.00	130.00	28	23	650.00	5600.00	50	50	50		5450.00		
姓名5			192	3800	800	50.00	30.00	4680.00	125.00	26	22	500.00	5180.00	30	30	20		5100.00		
姓名6			100	1000	800	50.00	100.00	1950.00	129.00	25	21	516.00	2466.00	50	50	50		2316.00		
姓名7			175	1000	800	50.00	100.00	1950.00	133.00	24	20	532.00	2482.00	30	30	20		2402.00		
姓名8			124	1000	800	50.00	30.00	1880.00	137.00	23	19	548.00	2428.00	50	50	50		2278.00		
姓名9			196	1000	800	50.00	100.00	1950.00	141.00	22	18	564.00	2514.00	30	30	20		2434.00		

图 1.5　员工工资表

该表中的数据即为结构化数据,随着员工人数的增多,表的结构不会改变,但数据可以不断累加。员工只要入职时填写了个人信息表,参加了公司工作,计算工资时就应被列入该工资表中。

2）半结构化数据

半结构化数据是介于结构化数据(如传统数据库中的数据)和非结构化数据(如模拟声音文件等)之间的数据,网页中使用的文档就属于半结构化数据,其一般将数据的结构和内容混在一起,没有明显的区分。

例如,员工的简历往往各不相同。有的员工简历很简单,只包括教育情况;有的员工简历却很复杂,还包括工作情况、婚姻情况、出入境情况、户口迁移情况、政治面貌和技术技能等,还有可能包括一些更为丰富的信息。

3) 非结构化数据

非结构化数据是数据结构不规则或不完整,没有预定义的数据模型也不方便用数据库二维逻辑表存储的数据。包括地图、图像、模拟音频和模拟视频数据都属于非结构化数据。

很多知识库系统为了处理大量积累下来的文档,需要从 PDF、Word、RTF、Excel 和 PowerPoint 等格式的文档中提取描述信息,这些描述性的信息包括文档标题、作者和主要内容等。这一过程就是针对非结构化数据的采集过程。

◆ 1.2 大　数　据

1.2.1 什么是大数据

大数据指无法在一定时间范围内用常规软件工具捕捉、管理和处理的数据集合,是海量、高增长率和多样化的信息资产,通过处理这类数据,人们可以获得更强的决策力、洞察力。

一般被认可的大数据定义为一种规模大到在获取、存储、管理、分析方面大大超出了传统数据库软件处理能力范围的数据集合,具有海量的数据规模、快速的数据流转、多样的数据类型和较低的价值密度四大特征,是必须通过深度挖掘、计算、分析才能创造价值的海量信息。

大数据具有 4V 特征:大量(volume)、多样(variety)、高速(velocity)和价值(value)。

volume(数据体量巨大):大量交互数据被记录和保存,数据规模甚至可达 PB 级。

variety(数据类型繁多):包括结构化数据、半结构化数据和非结构化数据。

velocity(流转速度快):数据自身的状态与价值随着时空变化而不断发生演变。

value(价值巨大但密度低):数据的价值没有随数据量的指数级增长呈现出同比例提升。

大数据中,非结构化数据越来越成为主要部分。有调查报告显示:企业中 80% 的数据都是非结构化数据,这些数据每年都以指数规模增长。

大数据是互联网发展到现今阶段的一种表象或特征,在以云计算为代表的技术创新大幕衬托下,这些原本看起来很难收集和使用的数据开始更容易地被利用起来,通过各行各业的不断创新,逐步为人类创造更多的价值。

想要系统地认知大数据,必须全面而细致地分解它,需要从 3 个层面展开,如图 1.6 所示。

第一个层面是理论,可从特征定义的角度理解行业对大数据的整体描绘和定性;从对大数据价值的探讨深入解析大数据的珍贵之所在;从大数据的现在和未来洞悉大数据的发展趋势;从大数据隐私的视角审视人和数据之间的长久博弈。

第二个层面是技术,可分别从云计算、分布式处理平台(Hadoop)、存储技术和感知技术的发展理解大数据从采集、处理、存储到形成结果的整个过程。

第三个层面是实践,可分别从互联网的大数据、政府的大数据、企业的大数据和个人

图1.6 大数据的3个层面

的大数据4方面推演大数据已经展现出的美好景象及即将实现的蓝图。

1.2.2 大数据发展历史与现状

人们将大数据的发展进程分为4个阶段,分别是萌芽阶段、突破阶段、成熟阶段和应用阶段。

1. 萌芽阶段(1980—2008年)

"大数据"一词出现在1980年,美国著名未来学家阿尔文·托夫勒(Alvin Toffler)著的《第三次浪潮》一书中将"大数据"称为"第三次浪潮的华彩乐章";20世纪末是大数据的萌芽期,数据挖掘技术开始出现。随着数据挖掘理论和数据库技术的成熟,一些商业智能工具和知识管理技术得以被应用,2008年9月,英国《自然》杂志推出了名为"大数据"的封面专栏。

2. 突破阶段(2009—2011年)

2009—2010年,"大数据"成为互联网技术行业的热门词汇。2011年6月,世界领先的全球管理咨询公司麦肯锡发布了关于"大数据"的报告,正式定义了大数据的概念,之后,大数据逐渐受到各行各业的关注。这个阶段非结构化的数据大量出现,传统的数据库处理方法逐渐难以应对这些"爆发式"增长的数据。此阶段又被称为非结构化数据阶段。

3. 成熟阶段(2012—2016年)

随着2012年《大数据时代》一书得以出版,"大数据"这一概念随着互联网的浪潮在各行各业中开始扮演举足轻重的角色。2013年,大数据技术开始向商业、科技、医疗、政府、教育、经济、交通、物流及社会的各个领域渗透,因此,该年也被称为"大数据元年"。

4. 应用阶段(2017—2022 年)

从 2017 年开始,大数据已经渗透到人们生活的方方面面,在政策、法规、技术和应用等多重因素的推动下,大数据行业迎来了发展的爆发期。全国 13 个省成立了 21 家大数据管理机构,同时数据科学与大数据技术也成为了高校的热门专业,申报开设数据科学与大数据技术本科专业的学校达到 293 所。

近年来,全球数据规模呈几何级数高速增长。据信息传播中心(information dissemination center,IDC)预测,到 2025 年,中国全国产生的数据总量将达 48.6ZB(泽字节)。

1.2.3 大数据产业

大数据产业属于现代新型服务业,主要内容分为 3 部分。

1. 数据软硬件制造业

大数据产业可以被认为是信息产业,其主要内容包括一些硬件制造、软件开发、软硬件结合的相关数据服务业,涉及范围为数据相关软件制造到数据服务等一系列业务。

2. 数据服务业

数据服务业通常指通过专业知识和技能为客户提供解决方案的人员组成的服务业。

3. 数据内容业

数据内容业的范围主要是以信息为主,涉及市场的各个领域,通常这些领域的人员主要从事数据的整理、采集、加工和传播等数据服务的业务。

◇ 1.3 大数据技术基础

1.3.1 传统的大数据处理流程

传统的大数据处理方法其实有很多,但是根据长期实践,人们总结了一个基本的大数据处理流程,该流程可以被概括为 4 步,分别是采集、统计和分析、导入和预处理以及数据挖掘。

1. 采集

大数据的采集是指接收来自目标数据源(如服务器、传感器等)的数据,将数据存储到数据中心的流程。例如,电商会使用传统的关系数据库 MySQL 或 Oracle 等存储每一笔事务数据,除此之外,MongoDB 这样的非关系数据库也常被用于数据采集。

在大数据的采集过程中,其主要面临的挑战是数据并发,因为数据源可能是成千上万的服务器、传感器、智能终端,这些设备会对数据中心造成极大的压力,例如,火车票售票网站和淘宝,它们并发的访问量在峰值时达到过上百万,所以需要在采集端部署大量数据库才能支撑服务。为这些数据库负载均衡和分片,则需要深入思考和设计。

2. 统计和分析

统计和分析阶段需要利用分布式数据库或者分布式计算集群对海量数据进行普通的分析和分类汇总等工作,以满足大多数常见的分析需求。一些实时性需求会用到 Oracle 数据库系统以及基于 MySQL 的列式存储等,而一些批处理或者基于半结构化数据的需求则可以使用 Hadoop 技术。统计和分析这部分主要面临的挑战是分析涉及的数据量大,其对系统资源,特别是会占用 I/O。

3. 导入和预处理

虽然采集端部署了大量数据库,但是如果要对这些海量数据进行有效的分析,还是应该将这些来自前端的数据导入一个集中的大型分布式数据库或者分布式存储集群,还可以在导入的基础上做一些简单的清洗和预处理工作。也有一些用户会在导入时使用来自推特的信息来对数据进行流式计算,满足部分业务的实时计算需求。导入和预处理过程面临的挑战主要是导入的数据量大,每秒的导入量通常会达到百兆级别,甚至千兆级别。

4. 数据挖掘

与前面统计和分析过程不同的是,数据挖掘一般没有什么预先设定好的主题,主要是在现有数据上进行基于各种算法的计算,从而满足一些高级别数据分析的需求。该过程面临的挑战主要是用于挖掘的算法很复杂,并且计算涉及的数据量和计算量都很大。常用数据挖掘算法都以单线程为主。

1.3.2 大数据核心技术

今天人们常说的大数据技术其实起源于谷歌公司在 2004 年前后发表的 3 篇论文,也就是人们经常提到的"三驾马车",分别是分布式文件系统 GFS、大数据分布式计算框架 MapReduce 和 NoSQL 数据库系统 BigTable。大数据平台如图 1.7 所示。

图 1.7 中的这些框架、平台以及相关的算法共同构成了大数据的技术体系,形成大数据技术原理和应用算法构建的、完整的知识体系。"三驾马车"其实就是一个文件系统、一个计算框架和一个数据库系统。

谷歌公司的思路是部署一个大规模的服务器集群,通过分布式的方式将海量数据存储在这个集群上,然后利用集群上的所有计算机进行计算。这样,谷歌公司就不再需要买很多昂贵的高性能服务器,它只要把这些普通的计算机组织到一起,就可以得到极为可观的算力。

当时的天才程序员们启动了一个独立项目专门开发、维护大数据技术,这就是后来赫赫有名的 Hadoop,主要包括 Hadoop 分布式文件系统 HDFS 和大数据计算引擎 MapReduce。

2012 年,美国加州大学伯克利分校开发的 Spark 开始崭露头角,其一经推出,立即受

图 1.7　大数据平台

到业界的追捧,并逐步替代 MapReduce 在企业应用中的地位。

一般来说,像 MapReduce、Spark 这类计算框架处理的业务场景都被称作批处理计算,因为它们通常针对以"天"为单位产生的数据,然后通过一次计算得到结果,这种计算需要花费的时间大概是几十分钟甚至更长。因为计算的数据不是在线得到的实时数据而是历史数据,所以这类计算也被称为大数据离线计算。

在大数据领域,这些计算框架还有另外一类应用场景,它们需要对实时产生的大量数据进行即时计算,如对于遍布城市的监控摄像头进行人脸识别和嫌犯追踪等。这类计算被称为大数据流计算。流式计算要处理的数据是实时在线产生的数据,所以这类计算也被称为大数据实时计算。

在典型的大数据业务场景下,数据业务通用的做法是采用批处理技术处理历史全量数据、采用流式计算处理实时新增数据。

除了大数据批处理和流处理外,NoSQL 数据库系统处理的主要是大规模海量数据的存储与访问,所以其也被归为大数据技术。2011 年前后 NoSQL 非常火爆,各种 NoSQL 数据库也是层出不穷。

上述基本上都可以归类为大数据引擎或者大数据框架。大数据处理的主要应用场景包括数据分析、数据挖掘与机器学习。此外,大数据要存入分布式文件系统,要有序调度 MapReduce 和 Spark 作业执行,并能把执行结果写入各个应用系统的数据库中,还需要有一个大数据平台整合所有这些大数据组件和企业应用系统。

1.3.3　大数据技术分类

大数据带来的不仅是机遇,还有挑战。传统的数据处理手段已经无法满足大数据时代的海量实时需求,需要采用新一代的信息技术来应对数据的爆发增长。人们把大数据技术归纳为五大类,如表 1.1 所示。

表 1.1　大数据技术分类

大数据技术分类	大数据技术与工具
基础架构支持	云计算平台
	云存储
	虚拟化技术
	网络技术
	资源监控技术
数据采集	数据总线
	ETL 工具
数据存储	分布式文件系统
	关系数据库
	NoSQL 技术
	关系数据库与非关系数据库融合
	内存数据库
数据计算	数据查询、统计与分析
	数据预测与挖掘
	图谱处理
	商业智能
数据展现与交互	图形与报表
	可视化工具
	增强现实技术

1. 基础架构支持

基础架构支持主要包括支撑大数据处理的云计算平台、云存储、虚拟化技术、网络技术和资源监控技术等。大数据处理需要拥有大规模物理资源的云数据中心和具备高效调度管理功能的云计算平台。

2. 数据采集

数据采集技术是数据处理的必备条件,采集大数据首先需要有数据采集的手段,把信息收集上来才能应用上层的数据处理技术。数据采集除了各类传感设备等硬件和软件设施之外,主要涉及的是数据的采集、转换、加载过程,需要对数据进行清洗、过滤、校验和转换等各种预处理,将有效的数据转换成合适的格式和类型。同时,为了支持多源异构的数据采集和存储访问,还需为企业设计数据总线,方便企业各个应用和服务之间的数据交换和共享。

3. 数据存储

经过采集和转换之后,需要将数据存储归档。海量的大数据一般可以采用分布式文件系统和分布式数据库的存储方式,需要把数据分布到多个存储结点上,同时还需提供备份、安全、访问接口及协议等机制。

4. 数据计算

人们把与数据查询、统计、分析、预测、挖掘、图谱处理和商业智能等各项相关的技术统称为数据计算技术。数据计算技术涵盖数据处理的方方面面,也是大数据技术的核心。

5. 数据展现与交互

数据展现与交互在大数据技术中也至关重要,因为数据最终需要被人们使用,为生产、运营、规划提供决策支持。选择恰当的、生动直观的展示方式能够帮助人们更好地理解数据的内涵和关联关系,也能够让人们更有效地解释和运用数据,发挥其价值。在大数据的展现方式上,除了传统的报表、图形之外,还可以结合现代化的可视化工具及人机交互手段,甚至是基于谷歌眼镜等增强现实手段来实现数据与现实的无缝衔接。

1.3.4　大数据分析的方法理论

越来越多的应用涉及大数据分析,分析这些大数据的属性,包括高增长量、多样性等都呈现了大数据不断增长的复杂性,所以,大数据的分析方法在大数据领域就显得尤为重要,可以说是最终信息价值的决定性因素。基于此,大数据分析的方法理论有 5 个基本方面。

1. 预测性分析能力(predictive analytic capabilities)

数据挖掘可以让分析员更好地理解数据,而预测性分析可以让分析员根据可视化分析和数据挖掘的结果做出一些预测性的判断。

2. 数据质量和数据管理(data quality and data management)

数据质量和数据管理是一些管理方面的最佳实践。通过标准化的流程和工具对数据进行处理可以保证获得一个预先定义好的高质量的分析结果。

3. 可视化分析(analytic visualizations)

不管是数据分析专家还是普通用户,数据可视化都是其使用数据分析工具的基本要求。可视化技术可以直观地展示数据,让数据自己说话,让观众看到结果。

4. 语义引擎(semantic engines)

非结构化数据的多样性为数据分析带来了新挑战,人们需要一系列的工具解析、提取和分析数据。语义引擎需要包含能够从文档中智能提取信息的功能。

5. 数据挖掘算法（data mining algorithms）

可视化是给人看的，数据挖掘则是给机器看的。集群、分割、孤立点分析还有其他算法能够让人们深入数据内部，挖掘价值，这些算法不仅要处理大量的数据，还要满足大数据处理的效率要求。

◆ 1.4　大数据的社会价值

2015 年 9 月，国务院发布《促进大数据发展行动纲要》，认为我国未来发展大数据产业其中主要任务之一就是"加快政府数据开放共享，推动资源整合，提升治理能力"，并明确了时间节点：2017 年，跨部门数据资源共享共用格局基本形成；2018 年，建成国家政府数据统一开放平台，打通政府部门、企事业单位间的数据壁垒，并在部分领域开展应用试点；2020 年，实现政府数据集的普遍开放。大数据国家战略如图 1.8 所示。

图 1.8　大数据国家战略

大数据技术具有巨大的社会价值，这一价值主要表现在以下 3 方面。

1. 能够推动实现巨大经济效益

大数据技术的出现能够推动社会经济效益实现最大化，例如，对中国零售业净利润增长的贡献，降低制造业产品开发、组装成本等。

2. 能够提升社会管理水平

大数据在公共服务领域的应用可有效推动社会工作开展，提高政府部门的决策水平、服务效率和社会管理水平，产生巨大社会价值。例如，欧洲多个国家的城市通过分析实时采集的交通流量数据指导驾车出行者选择最佳路径，有效地改善了城市交通状况。

3. 如果没有高性能的分析工具,大数据的价值就得不到释放

(1) 由于各种原因,分析处理的数据对象中不可避免地会包括各种错误数据、无用数据,加之作为大数据技术核心的数据分析、人工智能等技术尚未完全成熟,所以当前仍无法要求计算机完成的大数据分析处理结果完全准确。例如,谷歌公司通过分析亿万用户搜索内容能够比专业机构更快地预测流感暴发,但由于微博上无用信息的干扰,这种预测也曾多次出现不准确的现象。

(2) 必须清楚定位的是,大数据的作用与价值的重点在于其能够引导和启发使用者的创新思维,辅助决策。简单而言,处理一个问题,人通常能够想到一种方法,而大数据则往往能够提供 10 种参考方法,即使其中只有 3 种方法可行,大数据技术也将解决问题的思路拓展了 3 倍。

◆ 1.5 大数据的商业应用

1.5.1 商业大数据的类型和价值挖掘方法

1. 商业大数据的类型

商业大数据的类型大致可分为 3 类。

(1) 传统企业数据。传统企业数据包括 CRM 系统的消费者数据、传统的 ERP 数据、库存数据以及账目数据等。

(2) 机器和传感器数据。机器和传感器数据包括呼叫记录、智能仪表、工业设备传感器、物联网传感设备、设备日志和交易数据等。

(3) 社交数据(social data)。

社交数据包括用户行为记录和反馈数据等,如推特和脸书这样的社交媒体平台。

2. 从大数据中挖掘商业价值的方法

大数据挖掘商业价值的方法主要分为 4 种。

(1) 客户群体细分,为每个群体定制个性化的服务。

(2) 模拟现实环境,发掘新需求的同时提高投资的回报率。

(3) 加强部门联系,提高整条管理链条和产业链条的效率。

(4) 降低服务成本,发现隐藏线索,进行产品和服务的创新。

3. 传统商业智能技术与大数据应用的比较

传统商业智能技术主要是数据挖掘,其任务是建立比较复杂的数据仓库模型和数据挖掘模型,分析和处理不太多的数据。

由于云计算模式、分布式技术和云数据库技术的应用,人们不再需要这么复杂的模型,不用考虑复杂的计算算法就能够处理大数据。对于不断增长的业务数据,用户也可以通过添加低成本服务器甚至是 PC 执行海量数据记录的扫描、统计、分析和预测。如果商业模式变化了,需要一分为二,那么新商业智能系统也可以很快地一分为二,继续强力支撑商业智能分析的需求。大数据蕴含的商机如图 1.9 所示。

金融服务业

欺诈检测和预防
反洗钱
风险管理

政府机构

法律实施
反恐

制造业

供应链优化
缺陷跟踪
根本原因分析
RFID 关联

医疗保健业

药物开发
病历
循证医学

图 1.9　大数据蕴含的商机

1.5.2　大数据的十大商业应用场景

在未来的几十年里,大数据将影响每一个人。大数据冲击许多行业,包括零售业、金融行业和医疗行业等,大数据也在彻底地改变人们的生活。现在就来看大数据带来的十大商业应用场景,未来大数据产业将会是一个万亿元级别的市场。

1. 智慧城市

如今,世界超过一半的人口生活在城市里,预计 2050 年,这一比例会增长到 75%。政府需要利用技术手段来管理好城市,使城市的资源得到良好配置。大数据作为其中的一项技术可以有效帮助政府科学配置资源、精细化运营城市、打造智慧城市。

2. 金融行业

大数据在金融行业应用范围较广,很多金融行业企业建立了大数据平台,对金融交易数据进行采集和处理。大数据在金融行业主要应用于精准营销、管控风险、辅助、决策、提升效率和设计金融产品。

3. 医疗行业

医疗行业拥有大量病例、病理报告、医疗方案、药物报告等。如果对这些数据进行整理和分析,将会为医生和病人带来极大帮助。在未来,人们可以借助大数据平台收集疾病的基本特征、病例和治疗方案,建立针对疾病的数据库,帮助医生诊断疾病。

4. 农牧业

生鲜农产品不容易储存,合理种植和养殖对农民而言非常重要。借助大数据技术提供的消费能力和趋势报告,政府将为农牧业生产进行合理引导,依据需求组织生产,避免产能过剩,防止资源和社会财富被浪费。大数据技术还可以帮助政府实现农业的精细化管理,实现科学决策。在数据驱动下,结合无人机等新技术,农民可以采集农产品生长信息和病虫害信息。

5. 零售行业

零售行业可以通过客户购买记录了解客户的产品关联需求,将相关的产品放到一起售卖增加销售额,还可以记录客户购买习惯,预测客户对食品、快消品、耗材的周期性需求,在客户需求期通过精准广告提醒客户购买。或者定期通过网上商城送货,既帮助客户解决了问题,又提高了客户体验。

6. 大数据技术产业

进入移动互联网时代之后,非结构化数据和结构化数据呈指数级增长。现在人类社会每两年产生的数据将超过人类历史过去所有的数据总量。这些数据的产生为大数据技术产业提供了巨大的商业机会。据估计,全世界在大数据采集、存储、处理、清洗和分析所产生的市场规模将会超过 2000 亿美元(包括政府和企业在大数据计算和存储,数据挖掘和处理等方面的投资)。未来中国的大数据产业将会呈几何级数增长,在 5 年之内,中国的大数据产业可能会形成万亿元规模的市场。

7. 物流行业

物流行业可以借助大数据建立全国网络,了解各个结点的运货需求和运力、合理配置资源、降低货车的返程空载率、降低超载率、减少重复路线运输、降低小规模运输比例。通过大数据技术可以及时了解各个路线的货运需求,同时建立基于地理位置和产业链的物流港口,实现货物和运力的实时配比,提高物流行业的运输效率。

有研究认为,借助大数据技术对物流行业进行的优化资源配置至少可以增加物流行业 10% 左右的收入,其市场价值将在 5000 亿元左右。

8. 房地产业

借助大数据技术,房地产业可以了解土地所在范围常住人口数量、流动人口数量、消费能力、消费特点、年龄阶段和人口特征等重要信息。这些信息将会帮助房地产商在商业地产开发、商户招商、科学规划房屋类型和小区规模。利用大数据技术,房地产行业将会降低房地产开发前的规划风险、合理制定房价、合理制定开发规模、合理进行商业规划。目前,已经有房地产商将大数据技术应用于用户侧写、土地规划和商业地产开发等领域,并取得了良好的效果。

9. 制造业

制造业过去面临生产过剩的压力,很多行业包括家电、纺织产品、钢材、水泥和电解铝等都没有按照市场实际需求生产,造成了极大的资源浪费。利用电商数据、移动互联网数据、零售数据，人们可以了解产品的未来市场需求，合理规划产品生产、避免生产过剩。

人们还可以通过大数据技术根据社交数据和购买数据来了解客户需求，以此需求为依据开发产品，设计和生产出满足客户需要的产品。

10. 互联网广告业

使用大数据技术可以将客户在互联网上的行为记录下来，对客户的行为进行分析，打上标签并形成用户侧写。利用移动互联网大数据技术进行的精准营销将会提高 10 倍以上的客户转化率，因此广告行业的程序化购买正在逐步替代广播式广告投放。大数据技术将帮助广告主和广告公司直接将广告投放给目标用户，将会降低广告投入，提高广告的转化率。

1.5.3　成为"大数据企业"

基于以上分析，企业内部大数据的焦点在于业务流程信息与知识及沟通信息的融合；而企业外部大数据的焦点则在于供应链信息与市场及社会环境信息的融合。因此大数据时代企业组织的基本内涵在于内部大数据与外部大数据的全方位融合。如图 1.10 所示，大数据企业应立足于内外部业务与社交媒体数据的集成交汇处。

图 1.10　大数据企业的内外融合

在这四大类型的数据之间，致力于大数据管理的企业可以有两种不同的发展策略。

（1）以社交媒体与业务数据的融合为主导，以期快速发现并应对内外部环境中的变化和机遇。在这种策略下，面向高速数据流的实时数据采集和分析方法将成为大数据管理的主要支撑手段。

（2）以内外部数据融合为主导，以期通过全面汇集内外部信息对中长期发展趋势做出准确的预判，从而实现高度优化的业务决策，并通过对信息环境的掌控获取企业网络生态系统中的领导地位。在这种策略下，大规模多源异构数据的采集、清洗和整合方法将成为大数据管理的核心支撑。

◆ 1.6　大数据应用案例：《非诚勿扰》男女嘉宾牵手数据分析

《非诚勿扰》是由江苏卫视制作的一档以婚恋交友为核心的社会生活服务真人秀节目，该节目于 2010 年 1 月 15 日开播，节目内容取材自全世界范围被广泛采用的英国独立电视台的两性联谊节目 *Take Me Out* 和 2008—2009 年播出的澳大利亚节目 *Taken Out*。自开播以来，《非诚勿扰》收视率在各个卫星电视节目中名列前茅、日渐攀升。节目由江苏电视台的新闻节目主持人孟非主持，另由黄菡分析点评，黄磊、刘烨和曾子航等均担任过点评嘉宾,如图1.11所示。

图 1.11　江苏卫视制作的《非诚勿扰》节目

该节目火爆的收视率和极高的普及度使男女嘉宾备受关注。例如,女嘉宾身份问题、男嘉宾托、炒作等问题也成为观众八卦的主题。截至 2015 年第三季度,《非诚勿扰》一共播出了 539 期节目,至少组织了 1508 名女嘉宾和 2382 名男嘉宾参与节目,成功促成了其中 419 对男女嘉宾牵手成功。节目期数和牵手嘉宾数分析如图 1.12 所示。

图 1.12　节目期数和牵手嘉宾数分析

较熟悉节目的观众都知道"女神位"这个词。通过节目录制现场的示意图可知,中间 11～14 号女嘉宾是正对男嘉宾的,似乎这些女嘉宾的话题和曝光率都颇高,也更受关注。那么她们既然是"女神"了,是不是能尽快获得自己的"男神"呢? 通过对牵手男女嘉宾的分析可发现,真正的"牵手女神"却在 20 号位置左右。一共产生过 57 位牵手成功的女嘉宾,几乎是 11～14 号位置牵手成功的女嘉宾的总和。是不是站到了"女神位",由于心理上的变化而使得男嘉宾被更多灭灯呢？"女神"位置大数据分析如图 1.13 所示。

图 1.13　女神位置大数据分析

　　通过分析男嘉宾可以发现，容易牵手成功的男嘉宾的出场位置是 4 号，而 1 号往往容易被淘汰。看来老话说得好，万事果然开头难。大多数节目都是 5 个男嘉宾，如果在第 4 个男嘉宾出场时还没有牵手成功，恐怕第 5 个男嘉宾牵手的概率也不会特别高，那么各位女嘉宾就要再多站一期节目才能获得心仪的男嘉宾了。是不是这种心理上的变化也使得 4 号男嘉宾更容易成功牵手呢？嘉宾位置和牵手相关性分析如图 1.14 所示。

　　那么什么样的男女嘉宾比较受欢迎呢？通过比较男女嘉宾的地理位置、职业、年龄和牵手比率几个维度，可以发现中国的女嘉宾和欧美的男嘉宾比较受欢迎，其中自由职业者、教师、企业职员比较受欢迎，私营业主的男嘉宾则最受欢迎。

　　如果从年龄分布来看，男嘉宾普遍比女嘉宾的年龄要大。牵手男嘉宾的年龄段是 24～31 岁，女嘉宾则为 22～25 岁。这种年龄分布与当下社会新组建家庭的物质需求也比较符合，可见来的男女嘉宾都是比较务实的，也符合了节目的主题——非诚勿扰。牵手嘉宾年龄分析如图 1.15 所示。

　　在分析数据过程中还可以发现，有些女嘉宾可能确实眼缘不佳，在节目停留了 50 期以上也没能牵手成功。眼缘不佳的女嘉宾集中分布在 25 岁以上。随着节目的改制，这种现象在 2014 年以后逐步减少。

　　一款真人秀节目一定少不了娱乐的成分。有数据显示，刘烨、曾子航和刘恺威 3 位点评嘉宾在台上时，男嘉宾的牵手概率比较高，达到了 44% 以上，他们真正做到了男嘉宾的好帮衬，而于正老师在台上的时候牵手概率只有 26%。

　　其实还有很多主题因为缺少有力的数据支持，所以没有得以实现。例如，心动女生画像分析、星座牵手概率、旅游奖励的有效性分析和男嘉宾灭灯分析。现在很多人在相亲时其实都不清楚自己到底想要找一个什么样的牵手对象，根据上述分析可以比较客观地知道什么样的男嘉宾更适合台上的女嘉宾。可以想象，如果男嘉宾上台的时候，女嘉宾手里

图 1.14　嘉宾位置和牵手相关性分析

图 1.15　牵手嘉宾年龄分析

也有一个大数据计算的与男嘉宾的契合度值,或许大数据的判断比女嘉宾自己更准确吧。

◈ 习题与思考题

一、选择题

1. 大数据技术的战略意义不在于掌握庞大的数据信息,而在于对这些含有意义的数据进行的(   )。

  A. 数据信息   B. 专业化处理

  C. 速度处理   D. 内容处理

2. 当前大数据技术的基础是由(   )公司首先提出的。

  A. 微软   B. 百度

  C. 谷歌   D. 阿里巴巴

3. 根据不同的业务需求来建立数据模型、抽取较有意义的向量、决定选取哪种方法的数据分析角色人员是(   )。

  A. 数据管理人员   B. 数据分析员

  C. 研究科学家   D. 软件开发工程师

4. 智慧城市的构建,不包含(   )。

  A. 数字城市   B. 物联网   C. 联网监控   D. 云计算

5. 大数据的最显著特征是(   )。

  A. 数据规模大   B. 数据类型多样

  C. 数据处理速度快   D. 数据价值密度高

6. 大数据时代,数据使用的关键是(   )。

  A. 数据采集   B. 数据存储

  C. 数据分析   D. 数据再利用

7. 支撑大数据业务的基础是(   )。

  A. 数据科学   B. 数据应用   C. 数据硬件   D. 数据人才

8. 大数据的发展使信息技术变革的重点从关注技术转向关注(   )。

  A. 信息   B. 数字   C. 文字   D. 方位

二、问答题

1. 简述大数据的定义和特点。

2. 大数据的社会价值体现在哪些方面?

3. 简述商业大数据的类型和价值挖掘方法。

4. 基于大数据分析的商业模式创新有哪些?

5. 如何成为"大数据企业"?

大数据系统的基本架构

◆ 2.1 大数据系统总体架构

要分析一个大数据系统的总体架构就要弄清楚两个问题：一是大数据系统需要包含哪些模块和哪些技术？二是这些不同模块之间怎么协调并完成一个关于大数据的任务？下文将用自下而上的方式思考一个大数据系统的总体架构是什么样的。

有了硬件之后，首先要考虑的是数据怎么放，这就是大数据的存储与管理技术。

有了数据之后就应该对数据进行处理，这就要用到大数据的处理技术。

处理完数据之后，客户端又需要获取处理结果，这就要用到数据的查询技术。

在拥有大量数据之后，怎么对这些数据进行分析与挖掘，怎么得到有价值的信息、经验性的规律来指导政府或者企业的决策，这就衍生了大数据分析与挖掘技术。

最后，为了方便观察，将大数据处理分析的结果以可视化的方式向人们展示，就诞生了大数据可视化技术。

如图 2.1 所示的是大数据系统的总体架构，自下而上地以数据流的角度描述了一个大数据应用的工作机制。一个企业或者一个部门将大量数据用分布式存储的方式存放在大量的结点上，然后用关系数据库或者非关系数据库来管理这些数据，应对不同的需求、使用不同的数据处理工具进行分布式计算。

使用类似的方式可以简化数据查询和处理的过程，降低数据分析人员的使用门槛，由数据分析人员对数据进行分析与挖掘，获取有价值的信息以指导未来的决策，最后将数据分析的结果以可视化的方式形象地展示出来，方便所有人查看和理解。

图 2.1 大数据系统的总体架构

◆ 2.2 大数据技术框架

大数据技术框架可以被概括为五横一纵：五横基本就是根据数据的流向自底向上划分的 5 层，分别为数据采集层、数据处理层、数据分析层、数据访问层和数据应用层。一纵就是数据管理层，如图 2.2 所示。这幅大数据技术框架图为五横一纵的具体内容。

图 2.2 大数据技术框架

数据采集层：既包括传统的、将数据从来源端经过抽取、转换、加载到目的端的过程，也包括离线采集（extraction transformation loading，ETL），还有实时采集、互联网采集和第三方数据采集等。

数据处理层：根据数据处理场景要求不同，可以将之划分为 Hadoop 分布式系统基础架构、大规模并行处理(massively parallel processing，MPP)、流处理和内存数据库等。

数据分析层：主要包含统计分析、数据挖掘、机器学习和深度学习等。

数据访问层：主要实现读写分离，将偏向应用的查询等能力与计算能力剥离，包括常规查询、海量实时查询和多维实时查询等应用场景。

数据应用层：根据企业的不同特点划分应用的类别，例如，针对通信运营商，对内有精准营销、客服投诉和基站分析等，对外有基于位置的客流、基于标签的广告应用等。

数据管理层：这是一纵，主要实现数据的管理和运维，它纵跨多层，实现统一管理。

下面进一步解释各层的详细功能与应用。

1. 数据采集层

数据采集层主要采用大数据采集技术，实现对数据的 ETL 操作，数据从数据来源端经过抽取(extract)、转换(transform)、加载(load)到目的端。用户从数据源抽取出所需的数据，经过数据清洗，最终按照预先定义好的数据模型将数据加载到数据仓库中，最后对数据仓库中的数据进行分析和处理。

数据采集是数据分析生命周期的重要一环，它通过传感器数据、社交网络数据和移动互联网数据等方式获得各种类型的结构化、半结构化及非结构化的海量数据。在现实生活中，数据的种类很多，不同种类的数据产生的方式各有不同。大数据采集的数据类型主要有以下 3 类。

(1) 互联网数据。主要包括互联网平台上的公开信息，网络爬虫和一些网站平台提供的公共应用程序接口(application programming interface，API)，如推特和新浪微博 API 等都是常见的互联网数据采集工具。使用这些工具可以将数据从网页中提取出来。将这些数据抽取、清洗、转换成结构化的数据后，即可将其存储为统一的本地文件数据。

(2) 系统日志数据。许多企业的业务平台每天都会产生大量的日志数据。从这些日志信息中可以得到很多有价值的数据。采集和收集这些日志信息，然后即可进行数据分析，挖掘数据中的潜在价值，为企业决策和企业后台服务器平台性能评估提供更可靠的数据保证。系统日志采集系统做的事情就是收集日志数据，提供离线和在线的实时分析。

(3) 数据库数据。有些企业会使用传统的关系数据库如 MySQL 和 Oracle 等来存储数据。除此之外，Redis 和 MongoDB 这样的 NoSQL 数据库也常被用于数据的采集。企业每时每刻产生的业务数据都可以记录的形式被直接写入数据库中。

当大量的数据被采集完后，还需要对大数据进行存储。数据的存储分为持久化存储和非持久化存储。持久化存储表示把数据存储在磁盘中，关机或断电后，数据依然存在。非持久化存储表示把数据存储在内存中，读写速度快，但是关机或断电后，数据会丢失。

对于持久化存储而言，关键的概念是文件系统和数据库系统，常见的有 Hadoop 分布式文件系统 HDFS、分布式非关系数据库系统 HBase 以及另一个非关系数据库 MongoDB。

支持非持久化的系统包括 Redis、Berkeley DB 等，它们为上述的存储数据库提供了缓存机制,可以大幅提升系统的响应速度,降低持久化存储的压力。

2. 数据处理层

当数据采集完毕,数据存储以及读写也都完成后,这些数据可以干什么?除了保存原始数据、做好数据备份之外,还需要考虑利用它们产生更大的价值。此时,首先需要对这些数据进行处理。大数据处理分为两类:在线处理(实时处理)和离线处理(批量处理)。

在线处理是对实时响应要求非常高的处理方式,如数据库的一次查询。离线处理是对实时响应没有要求的处理方式,如批量地压缩文档。通过消息机制可以提升处理的及时性。

Hadoop 的 MapReduce 计算是非常适合离线批处理的框架。为了提升效率,下一代更迅速的计算框架 Spark 提供了更加先进的流式计算框架,其将进一步提升处理的实时性。

3. 数据分析层和数据访问层

数据采集、存储和处理是大数据架构的基础设置。一般情况下,完成以上 3 个层次的数据工作就已经将数据转化为基础数据,为上层的业务应用提供支撑了。但是大数据时代,数据类型多样、单位价值稀疏的特点要求人们对数据进行治理和融合建模。使用 R 语言、Python 语言等对数据进行 ETL 预处理,再根据算法模型、业务模型进行融合建模,可以更好地为业务应用提供优质底层数据。

在对数据进行 ETL 处理和建模后,还需要对获取的数据进行进一步管理,此时可以采用数据管理工具(如元数据管理工具、数据质量管理工具和数据标准管理工具等)实现数据的全方位管理。

4. 数据应用层

数据应用层是大数据技术和应用的目标,其通常包括信息检索、关联分析等功能。相当多的开源项目为信息检索的实现提供了可能性。

大数据架构为面向大数据业务应用的一种通用架构,在具体业务中,需要使用者根据行业领域、企业技术积累以及业务场景,从业务需求、产品设计、技术选型到实现方案流程上的具体问题进行具体分析,利用可视化技术,进一步形成更为明确的应用,包括基于大数据交易与共享、基于开发平台的大数据应用和基于大数据的工具应用等。

◆ 2.3 大数据技术进展

目前,大数据领域每年都会涌现出大量新技术,这些新技术成为了大数据获取、存储、处理分析或可视化的有效手段,能够将大规模数据中隐藏的信息和知识挖掘出来,为人类社会经济活动提供依据,提高各个领域的运行效率,甚至促进整个社会经济的集约化发展。

2.3.1　典型的大数据技术栈

图 2.3 展示了一个典型的大数据技术栈。底层是硬件平台,包括计算资源、内存与存储、网络互联,具体表现为计算结点、集群、机柜和数据中心。在此之上是数据存储和管理,包括文件系统、数据库和资源管理系统。然后是计算处理层,如 Hadoop、MapReduce 和 Spark,以及在此之上的各种不同计算范式,如批处理、流处理和图计算等,包括衍生出编程模型的计算模型,如板级支持包(board support package,BSP)、聚集应用散点、分布式图计算模型(gather-apply-scatter,GAS)等。上述技术名词将在后文章节详细讲解。

图 2.3　大数据技术栈

数据分析和可视化基于计算处理层。其中,分析部分包括简单的查询分析、流分析以及更复杂的分析(如机器学习、图计算等)。查询分析多基于表结构和关系函数;流分析基于数据、事件流以及简单的统计分析;而复杂分析则基于更复杂的数据结构与方法,如图、矩阵、迭代计算和线性代数。

一般意义的可视化是对分析结果的展示。通过交互式可视化,用户还可以探索性地提问,使分析获得新的线索,形成迭代的分析和可视化。基于大规模数据的实时交互可视化分析以及在这个过程中引入自动化因素是目前大数据研究的热点。

有两个领域垂直打通了上述的各层:一个领域是编程和管理工具,方向是机器通过学习实现自动最优化、尽量无须编程、无须复杂的配置;另一个领域是数据安全,其也贯穿了整个技术栈。除了这两个领域外,还有一些技术方向是跨越多层的,例如,"内存计算"事实上也覆盖了整个技术栈。

2.3.2　大数据技术生态

大数据的基本处理流程与传统数据处理流程并无太大差异,主要区别在于:大数据要处理大量、非结构化的数据,所以在各处理环节中都可以采用并行处理方式。目前,Hadoop、MapReduce 和 Spark 等分布式处理技术已经成为大数据处理各环节的通用方法。

Hadoop 是一个由 Apache 基金会开发的分布式系统基础架构。用户可以在不了解分布式底层细节的情况下,轻松地在 Hadoop 上开发和运行处理大规模数据的分布式程序,充分利用集群的算力高速运算和存储。

　　Hadoop 是一个数据管理系统,作为数据分析的核心,其汇集了结构化和非结构化的数据,这些数据分布在传统企业数据栈的每一层。Hadoop 也是一个大规模并行处理框架,拥有超级计算能力,定位于推动企业级应用的执行。Hadoop 由开源社区维护,主要为解决大数据的问题提供工具和软件。虽然 Hadoop 提供了很多功能,但仍然应该把它归类为由多个组件组成的 Hadoop 生态圈,这些组件包括数据存储、数据集成、数据处理和其他进行数据分析的专门工具。

　　图 2.4 展示了 Hadoop 的生态系统,主要由 HDFS、MapReduce、HBase、ZooKeeper、Pig、Hive 等核心组件构成,另外还包括 Sqoop、Flume 等框架,用来与其他企业融合。同时,Hadoop 生态系统也在不断发展,新增 Mahout、Ambari 等内容以提供更新功能。同样,上述技术名词将在后文的章节详细讲解。

图 2.4　Hadoop 的生态系统

　　低成本、高可靠性、高扩展、高有效性、高容错性等特性让 Hadoop 成为较为流行的大数据分析系统,然而其赖以生存的 HDFS 和 MapReduce 组件却让其一度陷入困境——批处理的工作方式只适用于离线数据处理,在要求实时性的场景下毫无用武之地。因此,各种基于 Hadoop 的实时数据处理工具应运而生。

　　Hadoop 社区正努力扩展现有的计算模式框架和平台,以便解决现有版本在计算性能、计算模式、系统构架和处理能力上的诸多不足,这正是 Hadoop 2.0 版本 YARN 的努力目标。未来新的计算模式将可以与内存计算模式混合,实现高实时性的大数据查询和计算分析。混合计算模式之集大成者当属加州大学伯克利分校的 AMP 实验室开发的 Spark 生态系统,如图 2.5 所示。

　　Spark 是开源的、类 Hadoop MapReduce 通用数据分析集群计算框架,其建立于 HDFS 之上,用于构建大规模、低延时的数据分析应用。Spark 提供了强大的内存计算引擎,几乎涵盖了所有典型的大数据计算模式,包括迭代计算、批处理计算、内存计算、流式计算(spark streaming)、数据查询分析计算(shark)以及图计算(graphX)。Spark 使用 Scala 语言作为应用框架开发语言,采用基于内存的分布式数据集,优化了迭代式的工作负载以及交互式查询。

图 2.5　Spark 生态系统

◇ 2.4　大数据应用案例:在"北上广"打拼是怎样一种体验

1. "北上广"的"漂"们都来自哪里

根据中华人民共和国国家卫生和计划生育委员会数据得知,全国 9433 万跨省流动人口中,超过 20％的人口涌入了北京、上海和广州 3 个城市。特别是在广州,外来人口数量已经超过了常住户籍人口,而在北京和上海,本地人和外地人的比例分别是 1.6∶1 和 1.44∶1。

到"北上广"等大都市去闯荡、打拼是很多年轻人的梦想。即使是因高房价、高物价、交通拥堵、空气污染而被迫离开的人也有相当一部分选择回到大都市。这些远离亲人,选择面对生活的艰苦和孤独的年轻人究竟是怎样的群体? 他们过着什么样的生活呢? 通过大数据分析或许能了解一二。

"北上广"的本地人与外地人数量如图 2.6 所示。

图 2.6　"北上广"的本地人与外地人数量

从来源省份看,北京、上海、广州分别在华北、华中、华南地区以吸收周边邻省人口为主。人口流出大省河南、湖北则同时进入了"北上广"外来人口数量排名的前五。

2. 年纪轻、学历高的人或许更能站稳脚跟

在"北上广",拼搏奋斗的核心人群年龄为 20～40 岁,这个年龄段的群体占整体外来人口的比例超过了 75%。但从年龄结构比较,上海的年轻群体年龄段更为集中,北京 45 岁以上人群占比明显大于其他两个城市,而广州外来人口的年龄构成则更偏向年轻化,三地外来人口年龄结构如图 2.7 所示。

数据来源:"流动中国"调查

图 2.7　三地外来人口年龄结构

中华人民共和国国家人口和计划生育委员会曾对"北上广"35 岁以下青年流动人口的生活状态做过监测研究。发现收入是他们生活质量的重要因素之一,更是坚守或逃离"北上广"的关键。从调查数据来看,影响收入的最关键因素被认为是学历。三地外来人口学历构成如图 2.8 所示。

数据来源:"流动中国"调查

图 2.8　三地外来人口学历构成

"流动中国"调查数据显示,广州本科及以上学历的年轻人群比例确实远低于北京和上海,这或许是高学历年轻人在广州更"吃香"的一个原因。

另外,在上海、广州的外来年轻人和全国同龄流动人口一样以从事制造业为主,制造业从业者约占 40%,其次是批发零售、建筑和社会服务等行业从业者。

不过,北京的情况较为不同,在北京,从事制造业的人口比重明显较低,从事互联网、

金融和房地产行业的人口比重明显高于其他两市。这与北京外来青年学历层次较高及城市功能定位有关。三地外来人口就业行业构成如图 2.9 所示。

金融、保险、房地产
电煤水生产供应
交通运输
建筑
批发零售
采矿
制造业
农业、渔业
餐饮住宿服务
互联网行业
其他

北京　　　　上海　　　　广州

数据来源："流动中国"调查

图 2.9　三地外来人口就业行业构成

3. 一样的"漂"，却分出了上、中、下

在"北上广"三地，外来人口的住房情况大体一致，均有过半数人租房居住。北京人均租房月支出超过全国平均水平的 70%，几乎是用于食品的月支出的 2 倍。由此可见，租房的支出最让"北漂"们肉痛。流动中国调查数据显示，广州的老板们能帮助外来人口解决住宿问题的比例最高，这一点相比其他两市格外明显。三地外来人口的居住状况如图 2.10 所示。

自己租房
已购买住房
自主单位房屋
其他
政府提供廉租房

北京　　　　上海　　　　广州

数据来源："流动中国"调查

图 2.10　三地外来人口的居住状况

当然，在不同历史阶段和政策背景下，"北上广"三地也均形成了外来人口聚居的城中村这个多数外来人口"停泊"的首站。随着房价持续上涨，北京的"蚁族"，上海的"蜗居"曾一度成为这些地方外来人口的文化标志。

比较"北上广"的城中村可以发现许多有趣的现象,"北上广"三地城中村区域分布及房屋空间的变化如图 2.11 所示。广州的城中村散布在城市的各个角落,建筑规模和占地面积都较大;上海的城中村则分布在内环外,靠近外围地区,且规模较小;北京的城中村主要分布在城市建成区的边缘,约为五环附近。

城中村的区域分布:

更为有趣的是,在大量外来人口涌入后"北上广"三地城中村内房屋空间的变化。

城中村房屋的空间变化:

图 2.11　"北上广"三地城中村区域分布及房屋空间的变化

更为有趣的是,在大量外来人口涌入后"北上广"三地城中村内房屋空间的变化。

北京的城中村房屋空间多为不断下压的空间。在北京圈层的外扩中,内城的城中村逐步被拆迁。城郊村在形态上更多地呈现一种原始聚集村落形式,多为一层或两层的平房,每户拥有自己的院落房屋,部分有地下室。

上海的城中村房屋空间则多是不断向内挤压的空间。在管治较为严格的上海,一方面迫于强硬的政策与监管,另一方面又拥有异常旺盛的住房需求,所以城中村只能在漫长的"等待拆迁"过程中通过内部挤压的方法"塞"进更多的人。村内原有的楼梯间、独立厨房、独立洗手间和院落等均被改造和分隔成住房。相较于北京和上海,广州的城市监管较为松散,城中村的业主多向上加建房屋,表现出一种不断加建的空间。

4. 虽然可能并不幸福,但他们还是希望能融入

青年们的人际交往状况如何?《中国流动人口发展报告》给出的结论是,北京、上海的外来青年中 6.3％、11.4％很少与人交往。

　　其中,上海的外来青年很少与取得上海户籍的同乡及本地人交往,将近 60％的外来青年经常与未取得上海户籍的同乡交往。而北京的外来青年更愿意与本地人来往,显示出更高的开放性和融入愿望。三地外来青年人际交往状况如图 2.12 所示。

图 2.12　三地外来青年人际交往状况

　　如果问及在大都市生活"是否比在老家更幸福",北京、上海的外来青年分别有 32.8％、35.8％的人回答是,略高于全国平均水平;而广州则只有 28.4％的人感到幸福。但问及融入的意愿,"北上广"三地的外来青年均有超过 90％的人愿意融入。

　　本案例资料来源:《中国流动人口发展报告》《"北上广"城中村外来人口居住研究》。

◇ 习题与思考题

一、选择题

1. 在大数据平台和应用程序框架中,(　　　)以经济高效的方式分析超大规模级的结构化和非结构化信息。

　　A. 流计算　　　　　B. Hadoop　　　　　C. 数据仓库　　　　　D. 语境搜索

2. 从研究现状上看,下面不属于大数据处理特点的是(　　　)。

　　A. 超大规模　　　B. 虚拟化　　　　　C. 私有化　　　　　D. 高可靠性

3. 当前社会中,最为突出的大数据环境是(　　　)。

　　A. 互联网　　　　B. 物联网　　　　　C. 综合国力　　　　D. 自然资源

4. 大数据系统包含(　　　)技术。(多选题)

　　A. 数据存储技术　　　　　　　　　B. 数据处理技术

　　C. 数据查询技术　　　　　　　　　D. 数据分析与挖掘技术

　　E. 数据可视化技术　　　　　　　　F. 互联网技术

　　J. 物联网技术

5. 大数据技术可根据数据的流向自底向上划分为 5 层,分别为(　　　)。(多选题)

　　A. 数据采集层　　　　　　　　　　B. 数据处理层

　　C. 数据分析层　　　　　　　　　　D. 数据访问层

E. 数据应用层　　　　　　　F. 数据传输层

G. 数据链路层　　　　　　　H. 数据网络层

二、问答题

1. 分析一个大数据系统的总体架构,要弄清楚哪两个问题?

2. 画图描述大数据系统的总体架构。

3. 概要描述大数据的技术框架。

4. 简述数据采集层的详细功能与应用。

5. 简要解释数据处理层的两种处理方式。

第二部分 大数据理论与技术

第3章

大数据系统输入

◇ 3.1 大数据采集过程及数据来源

数据采集又被称为数据获取,是从系统外部采集数据并将之输入系统内部接口的过程。随着互联网的快速发展,数据采集已经被广泛应用于互联网及分布式计算领域,例如,摄像头和麦克风等传感器都是数据采集工具。

3.1.1 大数据采集来源

根据应用系统可以将大数据采集的来源分为 4 种:管理信息系统、Web 信息系统、物理信息系统和科学实验系统。

1. 管理信息系统

管理信息系统指企业、机关内部的信息系统,如事务处理系统和办公自动化系统,这类系统主要用于经营和管理,为特定用户的工作和业务提供支持。管理信息系统提供的数据既可以来自终端用户的原始输入,也可以来自系统自身的二次加工处理的数据。这类系统的组织结构是专用的,数据通常是结构化的。

2. Web 信息系统

Web 信息系统包括互联网上的各种信息系统,如社交网站、社会媒体和搜索引擎等,主要用于构造虚拟的信息空间,为广大用户提供信息服务和社交服务。这类系统的组织结构是开放式的,大部分数据是半结构化或无结构化的。数据的产生者主要是在线用户。另外,电子商务和电子政务属于在 Web 上运行的管理信息系统。

3. 物理信息系统

物理信息系统指管理各种物理对象和物理过程的信息系统,如实时监控和实时检测,主要用于生产调度、过程控制、现场指挥和环境保护等。此类系统的组织结构是封闭的,数据由各种嵌入式传感设备产生,可以是关于物理、化学、生物等性质和状态的基本测量值,也可以是关于行为和状态的音频、视频等多媒体数据。

4. 科学实验系统

科学实验系统实际上也属于物理信息系统,但这类系统实验环境是预先设定的,主要用于学术研究,数据是有选择的、可控的,有时也可能是人工模拟生成的仿真数据。

从人-机-物三元世界观点看,管理信息系统和 Web 信息系统属于人与计算机的交互系统,物理信息系统属于物与计算机的交互系统。在人-机系统中,物理世界的原始数据是通过人实现融合处理的;而在物-机系统中,物理世界的原始数据需要通过计算机等装置进行专门处理。融合处理后的数据通常会被转换为规范的数据结构,输入并存储在专门的数据管理系统中(如文件或数据库),形成专门的数据集。

3.1.2　大数据采集过程

足够的数据量是大数据战略建设的基础,因此,数据采集就成了大数据分析的前站,是大数据价值挖掘重要的一环,其后的分析挖掘都建立在采集基础上的。

数据采集有基于物联网传感器的采集,也有基于网络信息的采集。例如,在智能交通中,数据采集有基于 GPS 的定位信息采集、基于交通摄像头的视频采集、基于交通卡口的图像采集和基于路口的线圈信号采集等。

互联网上的数据采集是对各类网络媒介,如针对搜索引擎、新闻网站、论坛、微博、博客和电商网站等的各种页面信息和用户访问信息进行的采集,采集的内容主要有文本信息、URL、访问日志、日期和图像等。之后需要清洗采集到的各类数据、进行过滤和去重等操作,并分类归纳存储。

数据采集过程涉及数据抽取(extract)、转换(transform)和加载(load)3 个子过程(即 ETL)。数据采集的 ETL 工具负责将分布的、异构数据源中的不同种类和结构的数据(如文本数据、关系数据,以及图像、视频等非结构化数据等)抽取到临时中间层后进行清洗、转换、分类和集成,最后加载到对应的数据存储系统(如数据仓库或数据集市)中,使之成为联机分析处理和数据挖掘的基础。

针对大数据的 ETL 处理过程同时又有别于传统的 ETL 处理过程,一方面,大数据的体量巨大;另一方面,数据的产生速度也非常快。例如,一个城市的视频监控头、智能电表每一秒都在产生大量的数据,对数据的预处理需要实时快速。因此,在选择 ETL 的架构和工具方面,需要采用如分布式内存数据库、实时流处理系统等现代信息技术。

现代社会各行业、部门中存在各种不同的应用、数据格式及存储需求,为实现跨行业、跨部门的数据整合(尤其是在智慧城市建设中,需要制定统一的数据标准、交换接口以及共享协议),这样不同行业、部门、格式的数据才能基于统一的基础实现访问、交换和共享。

◆ 3.2　大数据采集方法

数据采集系统整合了信号、传感器、激励器、信号调理、数据采集设备和应用软件。常用的数据采集方法归结为三类:传感器数据采集、系统日志数据采集和网络爬虫数据采集。

1. 传感器数据采集

传感器通常被用于测量物理变量,一般包括声音、温湿度、距离和电流等,将测量值转化为数字信号并传送到数据采集点,就可以让物体有触觉、味觉和嗅觉等感官,让物体慢慢变得活了起来。传感器数据采集如图 3.1 所示。

2. 系统日志数据采集

日志文件数据一般由数据源系统产生,用于记录数据源的各种操作行为,例如,网络监控的流量管理、金融应用的股票记账和 Web 服务器记录的用户访问等。

图 3.1　传感器数据采集

很多互联网企业都有自己的海量数据采集工具,这些工具多用于系统日志数据采集,均采用分布式架构,能满足每秒数百兆字节的日志数据采集和传输需求。系统日志采集方法如图 3.2 所示。

图 3.2　系统日志采集方法

3. 网络爬虫数据采集

网络爬虫指为搜索引擎下载并存储网页数据的程序,它是搜索引擎和 Web 缓存的主要数据采集方式。通过网络爬虫或网站公开 API 等方式可以从网站获取数据信息,该方法可以将非结构化数据从网页中抽取出来,将其存储为统一的本地数据文件,并以结构化的方式存储。它支持采集图像、音频、视频等文件或附件,并可将附件与正文自动关联。网络爬虫自动采集网页的过程如图 3.3 所示。

在采集企业生产经营数据(如客户数据、财务数据等保密性要求较高的数据)时,可以与数据技术服务商合作,使用特定系统接口等方式。

数据采集是挖掘数据价值的第一步,尤其当数据量越来越大时,可提取出来的有用信

图 3.3　网络爬虫自动采集网页的过程

息必然会更多。只要善用大数据处理平台,就能够保证数据分析结果的有效性,助力企业实现数据驱动。

◆ 3.3　大数据导入/预处理

3.3.1　大数据导入/预处理的过程

大数据处理是将业务系统的数据抽取、清洗与转换,之后再将之加载到数据仓库的过程,目的是将企业中分散、零乱、标准不统一的数据整合到一起,为企业的决策提供分析依据。抽取、清洗与转换是大数据处理较重要的环节,通常情况下会花掉整个项目 1/3 的时间。

数据抽取是从各个不同的数据源抽取数据到处理系统中的过程,在抽取的过程中需要挑选不同的抽取方法,尽可能地提高运行效率。清洗、转换的过程通常耗时较长,一般情况下这部分的工作量花费的时间占该环节整个过程的 2/3。

1. 数据抽取

数据抽取需要在调研阶段做大量工作,首先要搞清楚以下几个问题:数据从几个业务系统中来? 各个业务系统的数据库服务器运行什么数据库管理系统(database management system,DBMS)? 是否存在手工数据? 手工数据量有多大? 是否存在非结构化数据? 当采集完这些信息之后才可以设计数据抽取的方法。

(1) 与存放数据仓库(data warehouse,DW)相同的数据源处理方法。这一类数据源在设计时比较容易,一般情况下,数据库管理系统(包括 SQL Server、Oracle)都会提供数据库连接功能,在 DW 数据库服务器和原业务系统之间建立直接的连接关系的就可以使用 Select 语句直接访问。

(2) 与 DW 数据库系统不同的数据源的处理方法。针对这一类数据源一般情况下也可以通过开放数据库连接(open database connectivity,ODBC)的方式建立数据库连接,如 SQL Server 与 Oracle 之间的连接。如果不能建立数据库连接,那么可以用两种方式完成：一种方式是通过工具将源数据导出成文本或者其他结构化数据格式的文件，然后再将这些源系统文件导入操作数据存储（operational data store，ODS）中；另一种方法是通过程序接口来完成。

（3）对于文件类型数据源（如 txt、xls 格式），可以利用数据库工具将这些数据导入指定的数据库，然后从指定的数据库抽取。

（4）增量更新问题。数据量大的系统必须考虑增量抽取功能。一般情况下，业务系统会记录业务发生的时间，该时间可以被用作增量的标志，每次抽取之前先判断 ODS 中记录最大的时间，然后根据这个时间去业务系统抽取大于这个时间的所有记录。

2. 数据清洗与转换

一般情况下，数据仓库分为操作数据存储和数据仓库两部分，通常的做法是从业务系统到 ODS 做清洗，将脏数据和不完整数据过滤掉，再从 ODS 到 DW 的过程中转换数据，进行一些业务规则的计算和聚合。

1）数据清洗

数据清洗的任务是过滤不符合要求的数据，将过滤的结果交给业务主管部门，确认是否需要将其过滤掉，并由业务部门修正之后再进行抽取。不符合要求的数据主要有不完整的数据、错误的数据和重复的数据三大类。

（1）不完整的数据。其特征是部分信息缺失，如供应商的名称、分公司的名称、客户的区域信息缺失，导致业务系统中主表与明细表不能匹配等。需要将这一类数据过滤出来，按缺失的内容分别写入不同数据文件并向客户提交，要求客户在规定的时间内补全，补全后再将之写入数据仓库。

（2）错误的数据。产生错误的原因往往是业务系统不够健全，在接收输入后没有对数据进行判断直接将之写入后台数据库造成的，例如，数值数据被输成全角数字字符、日期格式不正确、日期越界等。这一类数据也要分类处理，其中，包含全角字符、数据前后有不可见字符的问题只能靠写 SQL 查询语句的方式将之找出来，然后要求客户在业务系统修正之后抽取；类似日期格式不正确的或者日期越界的错误会导致 ETL 运行失败，这一类错误需要业务系统数据库用 SQL 查询的方式挑出来，交给业务主管部门要求限期修正，修正之后再抽取。

（3）重复的数据。需要将重复的数据记录的所有字段导出，让客户确认并整理。

数据清洗是一个反复的过程，不可能在几天内完成，只有不断地发现问题和解决问题才能逐步将之完善。过滤、修正等操作一般要求客户确认；过滤掉的数据可将之写入数据文件或者数据表，在 ETL 开发的初期可以每天向业务单位发送过滤数据的邮件，促使他们尽快地修正错误，同时也可以将其作为将来验证数据的依据。数据清洗时需要注意的是应避免将有用的数据过滤掉，每个过滤规则都应被认真验证，并要由用户确认。

2）数据转换

数据转换的任务主要是转换不一致的数据、数据的粒度和计算商务规则。

（1）转换不一致的数据。这是一个整合的过程，需要将不同业务系统的相同类型数据统一，例如，同一个供应商在结算系统的编码是 XX0001，而在 CRM 中的编码是

YY0001,在抽取之后应将其统一转换成一个编码。

(2)转换数据的粒度。业务系统一般存储的是非常明细的数据,而数据仓库中的数据是用来分析的,不需要非常明细的数据。一般情况下,需要将业务系统数据按照数据仓库粒度进行聚合。

(3)计算商务规则。不同的企业有不同的业务规则和数据指标,这些规则和指标有时不是简单地加减就能计算完成,可能需要在ETL中将这些数据指标计算好之后再存储到数据仓库中供分析使用。

3.3.2 数据清洗的过程

对于科研工作者、工程师、业务分析者这些和数据打交道的职业而言,数据分析是一项核心任务,其第一步就是清洗数据,例如,原始数据可能有如下不同的来源。

(1)Web服务器的日志。

(2)某种科学仪器的输出结果。

(3)在线调查问卷的导出结果。

(4)政府数据。

(5)企业顾问准备的报告。

在理想世界中,所有记录都应该是整整齐齐的格式,并且遵循某种简洁的内在结构规律。但是实际并非如此,这些数据可能存在以下问题。

(1)不完整的(某些记录的某些字段缺失)。

(2)前后不一致(字段名和结构前后不一致)。

(3)数据损坏(有些记录可能会因为种种原因被破坏)。

因此,必须经常使用清洗程序清洗这些原始数据,把它们转换成易于分析的格式,这种清洗又被称为数据整理(data wrangling)。

1. 识别不符合要求的数据

从名字上看,数据清洗就是把"脏"的数据"洗掉"。因为数据仓库中的数据是面向某一主题的数据的集合,这些数据可能是从多个业务系统中抽取而来,而且包含历史数据,因此难以避免错误数据的存在,有的数据相互之间还可能有冲突,这些错误的或有冲突的数据显然是人们不想要的"脏数据"。人们要按照一定的规则对这些"脏数据"进行处理,这就是数据清洗。数据清洗的任务是过滤那些不符合要求的数据,将过滤的结果交给业务主管部门确认是过滤掉,还是由业务单位修正之后再抽取。

2. 数据清洗的经验

数据清洗是一项需要逐步摸索、反复实践的工作,在设计数据清洗的规则时,设计者需要具备较为丰富的经验,也需要对数据本身有相当程度的了解。数据清洗的规则并非一蹴而就,其建立过程往往需要经历多次实验,需要设计者反复验证清洗结果后才能确定。

以下是一些清洗数据的经验。

（1）不要默默地跳过记录。原始数据中有些记录是不完整的或者损坏的，所以清洗数据的程序只能将其跳过。默默地跳过这些记录不是最好的办法，因为很难保证数据不会被遗漏。因此，可以按照以下步骤处理。

① 打印出警告提示信息，这样就能够方便后续寻找错误源头。

② 记录总共跳过了多少记录，成功清洗了多少记录。这样做能够对原始数据的质量有大致的了解，例如，如果只跳过了 0.5% 的数据，还属于正常范畴，但是如果跳过了 35% 的数据，那么就该看看这些数据或者代码存在什么问题了。

（2）把变量的类别以及类别出现的频次存储起来。数据中经常有些字段是枚举类型。例如，血型包括 A、B、AB 或者 O，但是如果某个特殊类别包含多种可能的值，尤其是出现始料未及的值，就不能及时确认了。这时，存储变量的类别以及类别出现的频次能够带来如下便利。

① 对于某个类别，假如碰到了始料未及的新取值时，就能够打印一条消息提醒设计者。

② 洗完数据之后为再次检查提供依据。例如，假如有人把血型误填成 C，再次检查时就能轻松发现了。

（3）断点清洗。如果有大量的原始数据需要清洗，要一次清洗完就可能需要很长的时间，有可能是 5min、10min、1h，甚至几天。实际操作当中，经常在洗到一半时突然程序崩溃了。

假设有 100 万条记录，清洗程序在第 325 392 条处因为某些异常崩溃了，如果没有设计断点清洗机制，修改这个错误后重新清洗时程序就需要重新从 1 清洗到第 325 391 条，这是在做无用功。其实可以进行如下操作。

第一步，让清洗程序打印出来当前在清洗的记录号，如果程序发生崩溃，就能知道处理到哪条记录。

第二步，让程序支持断点清洗，这样当重新清洗时，就能从第 325 392 条直接开始。重新清洗的代码有可能会再次崩溃，只要再次修正错误，然后从再次崩溃的记录开始即可。

（4）在一部分数据上进行测试。不要尝试一次性清洗所有数据。在刚开始写清洗代码和调试程序时，在一个规模较小的子集上先进行测试，然后扩大测试子集再测试。这样做的目的是让清洗程序能够很快地完成测试集上的清洗，节省反复测试的时间。

（5）把清洗日志输出到文件中。在运行清洗程序时，把清洗日志和错误提示都输出到文件当中，这样就能轻松地使用文本编辑器来查看它们。

（6）可选：把原始数据一并存储下来。在不用担心存储空间时这一条经验还是很有用的。这样做能够将原始数据保存在清洗后的数据中，清洗完后，如果发现哪条记录发生异常还能够直接看到原始数据，方便进行程序调试。

（7）验证清洗后的数据。注意写一个验证程序验证清洗后得到的干净数据是否与预期的格式一致。人们虽然不能控制原始数据的格式，但是能够控制干净数据的格式。所以，一定要确保干净数据的格式符合预期的格式。

这一点其实非常重要，因为完成数据清洗后，这些干净数据将被用于下一步工作。因此，在开始数据分析之前要确保数据足够干净。否则，可能会得到错误的分析结果，到那时就很难再发现很久之前的数据清洗过程中犯的错了。

3.3.3 数据清洗与数据采集技术

随着信息化进程的推进,人们对数据资源的整合需求越来越迫切。但整合分散在不同地区、种类繁多的异构数据库并非易事,要解决冗余、歧义等"脏数据"的清洗问题。仅靠手动清洗不但费时费力,而且质量也难以保证;另外,数据的定期更新也存在困难。所以整合业务系统数据是摆在大数据应用面前的难题。ETL 数据转换系统为数据整合提供了可靠的解决方案。

ETL 数据抽取、转换和加载过程负责将分布的、异构数据源中的数据(如关系数据、二维结构数据文件等)抽取到临时中间层后进行清洗、转换和集成,最后将其加载到数据仓库或数据集市中,成为联机分析处理、数据挖掘的基础。它可以批量完成数据抽取、清洗、转换和加载等任务,不但满足了人们整合种类繁多的异构数据库的需求,而且可以通过增量方式实现数据的后期更新。

主流 ETL 体系结构如图 3.4 所示。

图 3.4　主流 ETL 体系结构

ETL 过程中的主要环节就是数据抽取、转换和加载。为了实现这些功能,各个 ETL 工具一般会进行一些功能上的扩充,例如,工作流、调度引擎、规则引擎、脚本支持和统计信息等。

数据抽取是从数据源中抽取数据的过程。实际应用中,不管数据源采用的是传统关系数据库还是新兴的 NoSQL 数据库,一般都有以下 3 种抽取方式。

1. 全量抽取

全量抽取是 ETL 在集成端初始化数据时,首先由业务人员或相关的操作人员定义抽取策略,选定抽取字段和定义规则后,由设计人员进行程序设计;处理数据后,直接读取整个工作表中的数据作为抽取的内容。与数据迁移类似,全量抽取是 ETL 过程中较简单的步骤,主要适用于处理一些对用户非常重要的数据表。

2. 增量抽取

增量抽取主要发生在全量抽取之后,用于抽取上次抽取过的数据源表中新增的或被修改的数据。增量抽取可以减少抽取过程中的数据量,提高抽取速度和效率,减少网络流量,同时,增量抽取的实现能准确把握异构数据源和数据库中数据的变化。

信息抽取不仅是从大量的文献集或数据集中找出满足用户需求的某篇文献或部分内容,而是抽取出真正满足用户需求的相关信息片段,并找出这些信息与原文献直接的参考对照。

3. 数据转换和加工

从数据源中抽取的数据不一定能完全满足目的库的要求,很容易出现数据格式不一致、数据输入错误和数据不完整等问题,因此人们还要对抽取出的数据进行数据转换和加工。

数据转换是真正将源数据库中的数据转换为目标数据的关键步骤,在这个过程中通过合并、汇总、过滤以及重新格式化和再计算等操作将操作型数据库中的异构数据转换成用户所需要的形式。对数据的转换和加工既可以在 ETL 引擎中进行,也可以在数据抽取过程中利用数据库的特性同时进行。

3.3.4　基于大数据的数据预处理

毫无疑问,数据预处理在整个数据挖掘流程中占有非常重要的地位,可以说大数据业务流程中 60% 甚至更多的时间和资源都花费在数据预处理上了。

传统背景下数据预处理更多的是对数据库的清洗,这些数据有比较固定的模式,数据维度也不是很多,而且每一维度的数据类型(离散、连续数值和类标)以及包含的信息都很明确。

大数据背景下的数据预处理更倾向于对数据仓库的清洗。首先,数据都是异源(各种数据来源),异源数据的统一会带来极大的工作量;其次,数据可能没有固定的结构,或者为非结构化数据如文本;再次,数据量可能会很大,大到单机程序或小的分布式集群无法在给定时间范围内处理完毕;最后,数据量太大将导致很多有用的信息被噪声淹没,甚至都不知道这些数据的作用,分不清主次。

1. 为什么要预处理数据

(1) 现实世界的数据是"脏"的(不完整,含噪声,不一致)。

(2) 没有高质量的数据,就无法得到高质量的挖掘结果(高质量的决策必须依赖高质量的数据;数据仓库需要对高质量的数据进行一致的集成)。

(3) 原始数据中存在的问题:不一致(数据结构不一致)、重复、不完整(缺少有价值的属性)、含噪声(数据中存在错误)、高维度或异常(偏离期望值)的数据。

2. 预处理数据的方法

(1) 数据清洗:去噪声和无关数据。

(2) 数据集成:将多个数据源中的数据结合起来存放到一个一致的数据存储容器中。

(3) 数据变换:把原始数据转换成适合数据挖掘的形式。

(4) 数据规约:主要方法包括数据立方体聚集、维度归约、数据压缩、数值归约、离散化和概念分层等。

3. 选取数据的参考原则

(1) 尽可能为属性名和属性值赋予明确的含义。

(2) 统一多数据源的属性编码。

(3) 去除唯一属性。

(4) 去除重复属性。

(5) 去除可忽略字段。

(6) 合理选择关联字段。

(7) 进一步处理:通过填补遗漏数据、消除异常数据、平滑噪声数据以及纠正不一致数据等操作去掉数据中的噪声、填充空值、丢失的值,并处理不一致的数据。

4. 数据预处理的知识要点

数据预处理相关的知识要点、能力要求和相关知识点如表 3.1 所示。

表 3.1 数据预处理的知识要点、能力要求和相关知识点

知 识 要 点	能 力 要 求	相 关 知 识 点
预处理数据的原因	(1) 了解原始数据存在的主要问题 (2) 明白数据预处理的作用和工作任务	(1) 数据的一致性问题 (2) 数据的噪声问题 (3) 原始数据的不完整和高维度问题
预处理数据的方法	(1) 掌握数据清洗的主要任务和常用方法 (2) 掌握数据集成的主要任务和常用方法 (3) 掌握数据变换的主要任务和常用方法 (4) 掌握数据规约的主要任务和常用方法	(1) 数据清洗 (2) 数据集成 (3) 数据变换 (4) 数据规约

5. 数据清洗的步骤

刚拿到的数据→与数据提供者讨论沟通→通过数据分析(借助可视化工具)发现"脏数据"→清洗"脏数据"(借助 MATLAB、Java 或 C++ 语言)→再次统计分析(可使用 Excel 的 Data Analysis 进行最大值、最小值、中位数、众数、平均值和方差等的分析,画出散点图)→再次发现"脏数据"或者与实验无关的数据(去除→最后实验分析→社会实例验证→结束)。

◆ 3.4　数 据 集 成

3.4.1　数据集成的概念

数据集成是指在不同应用系统、数据形式以及在原有应用系统未做任何改变的条件下进行数据采集、转换和存储的数据整合过程。数据集成领域已经有很多成熟的框架可以为人们利用。目前通常采用基于中间件模型和数据仓库等方法来构造集成的系统,这些技术在不同的着重点和应用上解决数据共享的问题并为企业提供决策支持。

数据集成的目的:运用技术手段将各个独立系统中的数据按一定规则组织成为一个整体,使其他系统或者用户能够有效地对数据进行访问。数据集成是现有企业应用集成解决方案中较普遍的一种形式。由于数据处于各种应用系统的中心,大部分的传统应用都是以数据驱动的方式进行开发。之所以进行数据集成,是因为数据分散在众多具有不同格式和接口的系统中,系统之间互不关联,所包含的不同内容之间也互不相通。因此,人们迫切地需要一种能够轻松地访问特定异构数据库数据的能力。

3.4.2　数据集成面临的问题

在信息系统建设过程中,由于受各子系统建设的具体业务要求、实施本业务管理系统的阶段性、技术性以及其他经济和人为因素等影响,导致在发展过程中积累了大量采用不同存储方式的业务数据。包括所采用的数据管理系统也大不相同,从简单的文件数据库到复杂的关系数据库,它们构成了企业的异构数据源,异构数据源集成是数据库领域的经典问题。

◆ 3.5　数 据 变 换

计算机网络的普及使数据资源的共享成为一个热门话题。然而,由于时间和空间上的差异,人们使用的数据源各不相同,各信息系统的数据类型、数据访问方式等也都千差万别。这就导致各数据源、系统之间不能高效地进行数据交换与共享,成为"信息孤岛"。

用户在具体应用时,往往又需要将分散的数据按某种需要进行交换,以便了解整体情况。例如,跨国公司的销售数据是分散存放在不同的子公司数据库中,为了解整个公司的销售情况,需要将所有子系统的数据集中起来。为了满足一些特定需要(如数据仓库和数据挖掘等)也需要将分散的数据交换集中起来,以达到数据的统一和标准化。异构数据的交换问题由此产生,并受到越来越多的重视。

用户在进行数据交换时面对的数据是千差万别的。产生这种数据差异的主要原因是数据结构和语义上的冲突。异构数据不仅指不同数据库系统之间的异构(如 Oracle 和 SQL Server 数据库),还包括不同结构数据之间的异构(如结构化的数据库数据和半结构化的数据)。源数据可以是关系型的,也可以是对象型的,更可以是 web 页面型和文本型的。因此,要解决数据交换问题,一个重要的前提就是消除这种差异。随着数据的大量产生,数据之间的结构和语义冲突问题更加严重,有效地解决各种冲突问题是数据交换面临的一大挑战。

解决异构数据交换问题后,才需要对其他诸如联机分析处理、联机事务处理、数据仓库、数据挖掘和移动计算等提供数据基础。对一些应用,如数据仓库的建立,异构数据交换在这一过程中占据了十分重要的地位。数据交换质量的好坏直接影响交换后数据上其他应用能否有效执行。数据交换后,可以减小数据在存储位置上分布造成的数据存取开销;避免不同数据在结构和语义上的差异使数据转换出现错误;让数据存放更为精简有效,避免存取不需要的数据;向用户提供一个统一的数据界面等。因此,数据交换对信息化管理的发展意义重大。

3.5.1　异构数据分析

异构数据交换的目标在于实现不同数据之间信息资源、设备资源、人力资源的合并和共享。因此,分析异构数据、搞清楚异构数据的特点、把握异构数据交换过程中的核心问题是十分必要的,这样研究工作就可以做到有的放矢。

1. 异构数据

数据的异构性引发了应用对数据交换的需求。异构数据是一个含义丰富的概念,它指涉及同一类型但在处理方法上存在各种差异的数据。在内容上,异构数据不仅可以指不同的数据库系统之间的数据(如 Oracle 和 SQL Server 数据库中的数据);而且可以指不同结构的数据(如结构化的 SQL Server 数据库数据和半结构化的 XML 数据)。

总地来说,数据的异构性包括系统异构、数据模型异构和逻辑异构。

1) 系统异构

系统异构是指由于硬件平台、操作系统、并发控制、访问方式和通信能力等的不同而造成的异构,具体细分如下。

(1) 计算机体系结构的不同,即数据可以分别存在于大型机、小型机、工作站、PC 或单片机中。

(2) 操作系统的不同,即数据的操作系统可以是 Microsoft Windows、各种发行版的类 UNIX 等。

(3) 开发语言的不同,如 C、C++、Java 和 Python 等。

(4) 网络协议的不同,如 Ethernet、FDDI、ATM、TCP/IP 和 IPX\SPX 等。

2) 数据模型异构

数据模型异构指对数据库进行管理的系统软件本身的数据模型不同,例如,数据交换系统可以采用同为关系数据库系统的 Oracle、SQL Server 等作为数据模型,也可以采用不同类型的数据库系统——关系、层次、网络、面向对象或函数数据库等。

3) 逻辑异构

逻辑异构包括命名异构、值异构、语义异构和模式异构等。例如,语义的异构具体为用相同的数据形式表示不同的语义,或者同一语义由不同形式的数据表示。

以上情况构成了数据的异构性,数据的异构给行业单位和部门等的信息化管理以及决策分析带来了极大的不便。因此,异构数据交换是否迅速、快捷、可靠就成了制约行业、单位和部门信息化建设的瓶颈之一。

2. 冲突分类

在异构数据之间进行数据交换的过程中,实现严格的等价交换是比较困难的。主要原因是异构数据模型间可能存在结构和语义的各种冲突,这些冲突主要包括如下种类。

(1) 命名冲突。命名冲突指源模型中的标识符可能是目标模型的保留字,这时就需要重新命名。

(2) 格式冲突。同一种数据类型可能有不同的表示方法和语义差异,这时需要定义两种模型之间的变换函数。

(3) 结构冲突。如果两种数据库系统之间的数据定义模型不同,如分别为关系模型和层次模型,那么需要重新定义实体属性和联系,以防止属性或联系信息丢失。

由于目前主要研究的是关系数据模型间的数据交换问题,故根据解决问题的需要可将上述三大类冲突再次抽象划分为两大冲突:结构冲突和语义冲突。结构冲突指需要交换的源数据和目标数据之间在数据项构成的结构上存在差异。语义冲突指属性在数据类型、单位、长度和精度等方面的冲突。

3.5.2　异构数据交换策略

面向异构数据交换技术的研究始于 20 世纪 70 年代中期,经过多年探索,人们已取得了不少成果,并由相关研究学者提出了许多解决此问题的策略及方法,但究其本质可将其分成 4 类。

1. 使用软件工具进行转换

一般情况下,数据库管理系统都会提供将外部文件中的数据转移到当前数据库表中的数据装入工具。例如,Oracle 提供的将外部文本文件中的数据转移到 Oracle 数据库表的数据装入工具 SQL Loader,Powersoft 公司的 PowerBuilder 中提供的数据管道(data pipeline)。

这些数据转移工具可以多种灵活的方式实现数据转换,而且由于它们是数据库管理系统自带的工具,执行速度快,不需要开放数据库连接(open database connectivity, ODBC)软件支持,在计算机没有安装 ODBC 的情况下也可以被方便地使用。

但是,这些数据转换工具的缺点在于它们不是独立的软件产品,用户必须首先运行该数据库产品的前端程序才能运行相应的数据转换工具,这通常需要几步才能完成,且多用手工方式转换。如果目标数据库不是数据转换工具所对应类型的数据库,那么数据转换工具就无法发挥作用。

2. 利用中间数据库的转换

由于缺少工具软件的支持,在开发系统时可以中间数据库为桥梁,即在实现两个具体数据库之间转换时,依据关系定义和字段定义从源数据库中读出数据并通过中间数据库灌入到目标数据库中。

这种利用中间数据库的转换办法所需转换模块少且扩展性强,但缺点是实现过程比较复杂,转换质量不高,转换过程长。

3. 设置传送变量的转换

借助数据库应用程序开发工具与数据库连接的强大功能,通过设置源数据库与目标数据库不同的传送变量同时连接两个数据库,实现异构数据库之间的直接转换。这种办法在现有的数据库系统下扩展比较容易,其可使转换速度和质量大大提高。

4. 通过开发数据库组件的转换

利用 Java 等数据库应用程序开发技术,通过源数据库与目标数据库组件来存取数据信息,实现异构数据库之间的直接转换。通过组件存取数据的关键是数据信息的类型,如果源数据库与目标数据库对应的数据类型不同,那么必须先进行类型的转换,然后双方才能实施赋值。

异构数据交换问题实质上就是:应用的数据可能要重新构造后才能和另一个应用的数据结构匹配,然后被写进另一个数据库。

3.5.3　异构数据交换技术

实现异构数据交换的方法和技术较多,本节列出 XML、本体技术和 Web Service 等几项技术。

1. 基于 XML 的异构数据交换技术

1) 可扩展标记语言

可扩展标记语言(extensible markup language,XML)是一种用于标记电子文件使其具有结构性的标记语言。在计算机中,标记指计算机所能理解的信息符号,通过此种标记,计算机之间可以处理各种信息,如文章等。

XML 提供了一种灵活的数据描述方式,其支持数据模式、数据内容和数据显示方式三者分离,可使同一数据内容在不同终端设备上的个性化数据表现形式成为可能,在数据描述方式上可以更加灵活。这使得 XML 可以为结构化数据、半结构化数据、关系数据库和对象数据库等多种数据源的数据内容加入标记,适于作为一种统一的数据描述工具,可扮演异构应用之间的数据交换载体或多源异构数据集成全局模式的角色。

2) 基于 XML 的异构数据交换的总体过程

由于系统的异构性,需要交换的数据可能具有多个数据源,不同数据源的数据模式也可能不同,这将导致源数据和目标数据在结构上存在差异。

在进行数据交换时,首先必须以统一的 XML 格式描述数据模型,通过文档类型定义(document type definition,DTD)这种特殊文档,从而将源数据库中的数据转换成结构化的 XML 文档,然后使用文档对象模型(document object model,DOM)技术解析 XML 文档,这样就可以将 XML 文档中的数据存入目标数据库,实现异构数据的交换。

由于 DTD 文档定义的数据结构可以与源数据库中的数据结构保持一致,因此这样就保证了生成的 XML 文档与源数据库中数据的一致。

基于 XML 的异构数据交换的总体过程如图 3.5 所示。

图 3.5 基于 XML 的异构数据交换的总体过程

2. 本体技术

本体是对某一领域中的概念及其之间关系的显式描述,是语义网络的一项关键技术。本体技术能够明确表示数据的语义以及支持基于描述逻辑的自动推理,为解决语义异构性问题提供了新的思路,对异构数据集成来说有很大的意义。

本体技术也存在一定的问题:已有关于本体技术的研究都没有充分关注如何利用本体提高数据集成过程、提高系统维护的自动化程度、降低集成成本、简化人工工作。基于语义进行的自动集成尚处于探索阶段,故本体技术还没有真正发挥应有的作用。

3. Web Service 技术

Web Service 是近年来备受关注的一种分布式计算技术,它是在互联网(internet)或企业内部网(intranet)上使用标准 XML 和信息格式的全新技术架构。从用户角度上看,Web Service 就是一个应用程序,它只是向外界显现出一个可以调用的应用程序接口(application programming interface,API)。服务请求者能够用非常简便的、类似函数调用的方法通过 web 获得远程服务,服务请求者与服务提供者之间的通信遵循简单对象访问协议(simple object access protocol,SOAP)。

Web Service 体系结构由角色和操作组成。角色主要有服务提供者(service provider)、服务请求者(service requestor)和服务注册中心(service registry)。操作主要有发布(publish)、发现(find)、绑定(bind)、服务(service)和服务描述(service description),Web Service 架构如图 3.6 所示。

其中,"发布"是为了让用户或其他服务知道某个 Web Service 的存在和相关信息,"发现"是为了找到合适的 Web Service,"绑定"则是在服务提供者与服务请求者之间建立某种联系。

在异构数据库集成系统中,用户可以利用 Web Service 具有的跨平台、完好封装及松散耦合等特性为每个数据源都创建一个 Web Service,使用 WSDL 向服务注册中心注册,然后集成系统就可以向服务注册中心发送查找请求并选择合适的数据源,以此通过 SOAP 从这些数据源获取数据。这样不仅有利于在数据集成中解决系统异构问题,同时也使数据源的添加和删除变得更加灵活,从而使系统具有松耦合、易于扩展的良好特性,能实现异构数据库的无缝集成。

图 3.6　Web Service 架构

◇ 3.6　大数据应用案例：电影《爸爸去哪儿》大卖有前兆吗

2014 年 1 月 25 日,《爸爸去哪儿》(见图 3.7)首映发布会在北京举行。有媒体问郭涛：电影拍摄期只有 5 天,你怎么让观众相信,这是一部有品质的电影?

图 3.7　《爸爸去哪儿》

2014 年 1 月 27 日,某娱乐频道挂出头条策划——只拍了 5 天的《爸爸去哪儿》,值得走进电影院吗?

光线传媒总裁王长田解释：一般的电影只有 2~3 台摄影机,而《爸爸去哪儿》用了 30 多台摄影机,所以虽然只有 5 天的拍摄时间,却拍摄了 10 倍的素材量,在剪辑量上甚至比一般电影还大。

对这个话题的讨论看上去热度很高,但观众真在乎这件事情吗?《爸爸去哪儿》大卖,到底是让大家大跌眼镜的偶然事件还是早有前兆呢?

1. 真人秀电影 5 天拍完,观众真在乎吗

《爸爸去哪儿》是一部真人秀电影,制作流程在中国电影史上也没有可参照对象,但依然可能会有很多人贴标签——5 天拍完,粗制滥造。

本着危机公关心态出发,伯乐营销做了一次大数据挖掘,想看看到底有多少人在质疑《爸爸去哪儿》"圈钱"的事情,以及他们在提到这件事情时的看法,截至 2014 年 1 月 11 日,新浪微博仅有 536 人在讨论此话题(含转发人数),而其中还有近一半的人表示,"圈

钱"也要看,"圈钱"也无所谓的态度。比起对影片内容动辄数十万条的讨论和追捧,这个话题在所有相关话题中的讨论量简直是沧海一粟,比例关系如图 3.8 所示。

图 3.8　比例关系

反过来想一想,一部电影拍 5 年就值得观众进电影院了吗?商业电影环境里,让观众买单的是结果而不是努力的过程。

2. 原班人马出演,很重要吗

由热门电视剧改编的电影项目有很多,这里面有票房大卖的,如《武林外传》和《将爱情进行到底》,也有票房惨淡的,如《奋斗》《宫锁沉香》和《金太狼的幸福生活》,用比较粗暴的方式分类,前者基本是原班人马出演,而后者并非原班人马,虽然单看这几个项目就推出"热门电视剧改编电影+原班人马=票房大卖"未免太粗暴,但不得不说,原班人马对项目成功而言往往是加分因素。且通过大数据调查发现,对《爸爸去哪儿》大电影这个项目来说,原班人马更是至关重要。

在《爸爸去哪儿》大电影项目刚刚曝光时,还没有公布主演的两三天内,新浪微博上参与"原班人马"的讨论量便已经超过 2 万条。43.38%的网友表示,是原班人马就会看;47.06%的人表示,希望是原班人马出演;9.56%的网友表示,不是原班人马就不看。调查结果如图 3.9 所示。

图 3.9　调查结果

　　与此同时,作者也调研了《武林外传》《将爱情进行到底》《宫锁沉香》和《奋斗》4 部电影在新浪微博上关于"原班人马"的讨论,虽然样本比《爸爸去哪儿》大电影小得多,但从分布比例上能明显看出,《奋斗》和《宫锁沉香》因没有使用原班人马而有失人心。成功案例和失败案例分别如图 3.10 和图 3.11 所示。

图 3.10　成功案例

图 3.11　失败案例

3. 谁才是真正的"合家欢"

　　几乎每一部春节档公映的电影在宣传时都要给自己贴上"合家欢"的标签,那么,"合家欢"真的重要吗?

　　每年的春节档一般都是电影院的业务爆发期,而在这其中最受电影院欢迎的电影就是"合家欢"类型的电影,不难理解,适合全家一起看的电影能够带动更多消费,符合这样类型的电影必然会受电影院的欢迎。以春节档的《大闹天宫》《爸爸去哪儿》《澳门风云》作为调研对象,在新浪微博上抽取以电影名和"全家"关键词作为讨论的条目,相较于《澳门风云》,《爸爸去哪儿》和《大闹天宫》有着绝对的优势,如图 3.12 所示。

图 3.12　谁才是真正的"合家欢"电影

4. 有人注意到预告片播放量吗

数据公司随机抽取了在农历大年初一公映的 4 部电影自 2014 年 12 月以来发布的一款预告片和一款制作特辑,以腾讯、搜狐、新浪、优酷、土豆 5 家主流视频网站的播放量为调研对象进行分析,发现《爸爸去哪儿》和《大闹天宫》都是百万量级播放量,在 4 部电影中占尽优势。因为《大闹天宫》项目启动较早,考虑到预告片在各个平台上的长尾效应,此研究并没有选择《大闹天宫》的首场预告片,而是选择了与其他电影在密集宣传期相近时间主推的预告片。预告片播放量和花絮播放量如图 3.13 和图 3.14 所示。

图 3.13　预告片播放量

图 3.14　花絮播放量

5. 春节档,人们到底最想看什么

其实论来论去,片方最关心的还是"想看"一部电影的人数,毕竟"想看"这个词直接和票房挂钩。但这个问题最复杂,因为与这个数据关联的维度非常多,有新浪微博上网友直接发出的声音,有业内营销人士非常关心的百度指数,也有像 QQ 电影票这样和用户购买行为直接相关的 App 服务商提供的数据,所以在这个问题上,笔者特地选择了几个不同的平台取样。

1) 新浪微博

新浪微博数据图如图 3.15 所示。

图 3.15　新浪微博数据图

从图 3.15 来看,在农历大年初一上映的 4 部电影中,提及"想看"和"期待"时,《前任攻略》的频率最高,《爸爸去哪儿》次之,可能这个结果与大家对未来各个电影在票房上的期待不符,但它的确反映了在微博这个阵地上粉丝为各个电影带来的话题讨论量。

2) 百度指数

百度指数数据图如图 3.16 所示。

图 3.16　百度指数数据图

　　百度指数是电影从业人员比较看重的数据,曾有人以此建模预测电影最终票房。百度指数代表每天有多少人以片名为关键词进行百度搜索,在某种程度上,它的确可以反映出一部电影在网民心中的热度。因此,数据公司选取了 4 部在农历大年初一上映的电影的百度指数在 2014 年 1 月 26 日之前 30 天的平均值作为参考。

　　需要说明的是,由于《爸爸去哪儿》这部电影有综艺节目的干扰,故关键词选择了"爸爸去哪儿电影",虽然这样会漏掉大量搜索数据(如此期间搜索"爸爸去哪儿大电影"关键词的平均指数也达到了 4200,但都没有被统计在内),但即便如此,《爸爸去哪儿》的平均指数仍在 4 部电影里排名第 2。

　　3)猫眼电影和 QQ 电影票

　　猫眼电影和 QQ 电影票数据图如图 3.17 所示。

图 3.17　猫眼电影和 QQ 电影票数据图

　　猫眼电影和 QQ 电影票是当下两款非常流行的购票服务软件,这两款软件能够提供影票查询信息、团购影票以及在线预订座位等功能,已经成为学生和"白领一族"购买电影票的重要渠道,而从这些渠道体现出的"想看"和最后的消费购买距离最近这两个数据上看,《大闹天宫》和《爸爸去哪儿》电影的优势较为明显。

　　值得注意,《爸爸去哪儿》电影项目公布的时间是这 4 个项目里最晚的,在 2013 年 12

月初时,当其他几部电影已经有了不错的热度时,《爸爸去哪儿》"想看"的数字还是0,但就在这一个多月里,"想看"的数字形成了爆发式的增长。不过这两个平台都不提供体现变化的数据,所以无法得知这部电影在"想看"这个数据上突飞猛进的变化。

6. 微博营销,谁的影响力最大

每逢片方发布新的预告片、海报、特辑等重要资料时,都会与演员沟通让其在微博上配合发布消息,对于一个动辄上百万,甚至上千万粉丝的明星来说,微博的确是非常有效的话题和内容输出渠道,其效果在《小时代》和《致青春》这两部电影上更是有着现象级的释放。针对微博营销,数据公司选取了2013年12月26日—2014年1月26日内4部电影的主演在微博上配合发布电影资料的总条数,以及由此带来的转发量和评论量,如图3.18所示。

图 3.18　微博营销影响力数据图

在转发量和评论量上,《爸爸去哪儿》代表队都以绝对的优势成为赢家,其中林志颖共计发布12条微博,转发量20.2万,评论量17.8万,毫无悬念地成为微博人气王,而田亮发布的13条微博带来了10.1万转发量和6.8万评论量,影响力也不容小觑;《大闹天宫》代表队的主力选手主演甄子丹在电影宣发期间共发布58条微博,可以说是名副其实的互动王;《前任攻略》代表队中影响力最大的是韩庚;《澳门风云》在微博平台上相对比较吃亏,因为电影里的两位重量级演员周润发、谢霆锋在当时都没有开通新浪微博,期间大部分与网友的互动都由导演王晶代为完成。

除了演员带来的巨大影响力之外,《爸爸去哪儿》综艺节目的官方微博也成为《爸爸去哪儿》电影版后期的宣传平台,400余万的粉丝数量是其他两三万粉丝数的电影官微所不能比的,所以在资料和新媒体话题的传播上,《爸爸去哪儿》占尽了优势。

作为中国首部真人秀电影,《爸爸去哪儿》有它的独创性,也有它的不可复制性,也许它不是好的艺术范本,但它一定是一个好的商业范本,只是拿它与《中国好声音之为你转身》相比,那真是把这个项目想得太简单了。时间点的衔接、电影的内容、档期的安排、台网宣传互动、联合营销推广,虽然项目启动最晚,但《爸爸去哪儿》在各个方面都有着精心的安排和规划,而其之前在社交媒体上的强劲数据表现也证明,《爸爸去哪儿》的大卖并非意料之外。

◆ 习题与思考题

一、选择题

1. 下面(　　)不属于数据预处理方法。

    A. 变量代换　　　　B. 离散化　　　　　C. 聚集　　　　　　D. 估计遗漏值

2. (　　)的目的是缩小数据的取值范围,使其更符合数据挖掘算法的需要,并且能够得到和原始数据相同的分析结果。

    A. 数据清洗　　　B. 数据集成　　　　C. 数据变换　　　　D. 数据归约

3. 谷歌收集的信息不包括(　　)。

    A. 日志信息　　　　　　　　　　　B. 位置信息

    C. 你的家庭成员　　　　　　　　　D. cookie 和匿名标识符

4. 大数据的取舍与(　　)不相关。

    A. 易于提取　　　B. 家庭信息　　　　C. 数字化　　　　　D. 廉价的存储器

5. 大数据指的是所涉及的资料量规模巨大,无法通过目前主流软件工具在合理时间内达到抽取、管理、处理,并(　　)成为帮助企业经营决策更积极目的的信息。

    A. 收集　　　　　B. 整理　　　　　　C. 规划　　　　　　D. 聚集

6. 数据清洗的方法不包括(　　)。

    A. 缺失值处理　　　　　　　　　　B. 噪声数据清除

    C. 一致性检查　　　　　　　　　　D. 重复数据记录处理

7. 智能健康手环的应用开发,体现了(　　)的数据采集技术的应用。

    A. 统计报表　　　B. 网络爬虫　　　　C. API 接口　　　　D. 传感器

8. 下列关于数据重组的说法中,错误的是(　　)。

    A. 数据重组是数据的重新生产和重新采集

    B. 数据重组能够使数据焕发新的光芒

    C. 数据重组实现的关键在于多源数据融合和数据集成

    D. 数据重组有利于实现新颖的数据模式创新

9. 下列关于"脏数据"的说法中,正确的是(　　)。(多选题)

    A. 格式不规范　　　　　　　　　　B. 编码不统一

    C. 意义不明确　　　　　　　　　　D. 与实际业务关系不大

    E. 数据不完整

10. 采样分析的精确性随着采样随机性的增加而(　　),但与样本数量的增加关系不大。

    A. 降低　　　　　B. 不变　　　　　　C. 提高　　　　　　D. 无关

11. 将原始数据进行集成、变换、维度规约、数值规约是(　　)的任务。

　　　　A. 频繁模式挖掘　　　　　　　B. 分类和预测

　　　　C. 数据预处理　　　　　　　　D. 数据流挖掘

二、问答题

1. 简述大数据采集的概念。

2. 绘出数据采集工作流程图。

3. 简述大数据导入/预处理的过程。

4. 什么是数据清洗?

5. 简述数据采集(ETL)技术。

6. 分别描述异构数据的交换方式和技术。

大数据系统处理

　　大数据技术的战略意义不在于掌握庞大的数据信息,而在于对这些含有意义的数据的专业化处理。换言之,如果把大数据比作一种产业,那么这种产业实现盈利的关键在于提高对数据的"加工能力",通过"加工"实现数据的"增值"。对数据的加工如图 4.1 所示。

收集数据　　　　大数据平台　　　　分析结果

图 4.1　对数据的加工

　　大数据的加工需要特殊的技术,以有效地处理大量在特定时间内必须处理完的数据。适用于大数据的技术,包括大规模并行处理(massively parallel processing,MPP)数据库、数据挖掘、分布式文件系统、分布式数据库、云计算平台、互联网和可扩展的存储系统。

　　从技术上看,大数据与云计算的关系就像一枚硬币的正反面一样密不可分。大数据必然无法用单台计算机处理,必须采用分布式架构处理。它的特色在于对海量数据进行分布式数据挖掘,但它必须依赖云计算的分布式处理、分布式数据库和云存储、虚拟化技术。

◆ 4.1　云　计　算

4.1.1　云计算系统的体系结构

　　云计算(cloud computing)是分布式计算技术的一种,其基本的概念是通过网络将庞大的计算处理程序自动分拆成无数个较小的子程序,再交由多台服务器所组成的庞大系统经搜寻、计算分析之后将处理结果回传给用户。以前的大规模分布式计算技术即为"云计算"的概念起源。

　　这是一种革命性的举措,打个比方,这就好比是从古老的单台发电机模式转向了电厂集中供电模式。它意味着计算能力也可以作为一种商品进入流通,就像煤气、水电一样,取用方便、费用低廉。最大的区别在于,它是通过互联网传输的。

云计算平台连接了大量并发的网络计算和服务,用户可利用虚拟化技术扩展每一台服务器的能力,将各自的资源通过云计算平台结合起来,实现超级计算和存储能力。通用的云计算逻辑结构如图 4.2 所示。

图 4.2 通用的云计算逻辑结构

云计算技术体系结构分为 4 层: 物理资源层、资源池层、管理中间件层和面向服务的架构(service-oriented architecture,SOA)构建层。

(1)物理资源层包括计算机、存储器、网络设施、数据库和软件等。

(2)资源池层是将大量相同类型的资源构成同构或接近同构的资源池,如计算资源池、存储资源池、网络资源池、数据资源池和软件资源池等。构建资源池更多的是物理资源的集成和管理工作,例如,研究在一个标准集装箱的空间中如何装下 2000 台服务器、解决散热和故障结点替换的问题并降低能耗。

(3)管理中间件层负责管理云计算的资源,并调度众多应用任务,使资源能够高效、安全地为应用提供服务。

(4)SOA 构建层可将云计算能力封装成标准的 Web Service 服务,并将之纳入 SOA 体系进行管理和使用,包括服务接口、服务注册、服务查找、服务访问和服务工作流等。管理中间件层和资源池层是云计算技术较关键的部分,而 SOA 构建层的功能则更多依靠外部设施提供。云计算体系结构如图 4.3 所示。

4.1.2 云计算的核心技术

云计算系统运用了许多技术,其中以编程模型、数据管理技术、数据存储技术、虚拟化技术和云计算平台管理技术较为关键。

云计算先行者谷歌公司的云计算平台能实现大规模分布式计算和应用服务程序,平台包括 MapReduce 分布式处理技术、Hadoop 框架、谷歌文件系统 GFS、结构化的 BigTable 存储系统、虚拟化技术以及云计算平台管理技术。

1. MapReduce 分布式处理技术

MapReduce 是谷歌公司开发的 Java、Python 和 C++ 编程工具,用于大规模数据集

图 4.3　云计算体系结构

（大于 1TB）的并行运算。不仅是云计算的核心技术，而且是简化的分布式编程模式，适合用来处理大量数据的分布式运算，既是用于解决问题的程序开发模型，也是开发人员拆解问题的方法。

　　MapReduce 是一种简化的分布式编程模型和高效的任务调度模型，其严格的编程模型使云计算环境下的编程十分简单。MapReduce 模式的思想是将要执行的问题分解成映射（map）和化简（reduce）的方式，先通过 Map 程序将数据切割成不相关的区块，分配（调度）给大量计算机处理，达到分布式运算的效果，再通过 Reduce 程序将结果汇总输出。MapReduce 架构设计如图 4.4 所示。

2. Hadoop 架构

　　Hadoop 是一个处理、存储和分析海量的分布式、非结构化数据的开源框架，其最初由雅虎公司的 Doug Cutting 创建，设计灵感来自于 MapReduce，Hadoop 集群运行在廉价的商用硬件上，这样硬件扩展就不需要支付高昂的成本。与将海量数据限定在一台机器运行的方式不同，Hadoop 将大数据分成多个部分，这样每个部分都可以被同时处理和分析。

　　在谷歌公司发表 MapReduce 后，2004 年开源社区用 Java 搭建出一套 Hadoop 框架，用于实现 MapReduce 算法，并把应用程序分割成许多很小的工作单元，使每个单元可以在任何集群结点上执行或重复执行。

图 4.4　MapReduce 架构设计

此外，Hadoop 还提供一个谷歌文件系统（google file system，GFS），它是一个可扩展、结构化、具备日志的分布式文件系统，支持大型、分布式大数据量的读写操作，且容错性较强。

分布式数据库 BigTable 是一个有序、稀疏、多维度的映射表，具有良好的伸缩性和高可用性，用来将数据存储或部署到各个计算结点上。Hadoop 框架具有高容错性及对数据读写的高吞吐率，能自动处理失败结点，如图 4.5 所示为谷歌公司的 Hadoop 架构。

在此架构中，MapReduce API 提供 Map 和 Reduce 处理、GFS 和 BigTable。基于 Hadoop 框架可以非常轻松和方便地处理海量数据的分布式并行计算，并运行于大规模集群上。

图 4.5　谷歌公司的 Hadoop 架构

3. 谷歌文件系统 GFS

云计算系统由大量服务器组成，同时为大量用户服务，因此云计算系统采用分布式存储的方式存储数据，用冗余存储的方式保证数据的可靠性。云计算系统中广泛使用的数据存储系统是谷歌公司开发的 GFS 和 Hadoop 团队开发的、GFS 的开源实现——HDFS。

GFS 是一个可扩展的分布式文件系统，用于大型的、分布式的、对大量数据进行访问的应用。GFS 的设计思想不同于传统的文件系统，是针对大规模数据处理和谷歌应用特性而设计的。它运行于廉价的普通硬件上,但可以提供容错功能,可以给大量用户提供总体性能较高的服务。

GFS 是一个管理大型分布式数据密集型计算的可扩展分布式文件系统,它使用廉价的商用硬件搭建系统并向大量用户提供容错的高性能服务。GFS 与传统分布式文件系统的区别如表 4.1 所示。

表 4.1　GFS 与传统分布式文件系统的区别

文件系统	组件失败管理	文件大小	数据写方式	数据流和控制流
GFS	不作为异常处理	少量的大文件	在文件末尾附加数据	数据流和控制流分开
传统分布式文件系统	作为异常处理	大量的小文件	修改现存数据	数据流和控制流结合

GFS 由一个主服务器 Master 和大量块服务器构成。Master 存放文件系统的所有元数据,包括名字空间、存取控制、文件分块信息和文件块的位置信息等,GFS 中的文件将被切分为 64MB 的块进行存储。

GFS 文件系统采用冗余存储的方式来保证数据的可靠性。每份数据在系统中将被保存 3 个以上的备份。为了保证数据的一致性,用户对数据的所有修改都需要在所有的备份上进行,并用版本号的方式来确保所有备份处于一致状态。

4. 结构化的 BigTable 存储系统

云计算需要对分布式的、海量的数据进行处理、分析,因此,数据管理技术必须能够高效地管理大量数据。云计算系统中的数据管理技术主要是谷歌公司的 BigTable 数据管理技术和 Hadoop 团队开发的开源数据管理模块 HBase。

BigTable 是谷歌公司设计的分布式数据存储系统,是用来处理海量的数据的一种非关系数据库。BigTable 的设计目的是快速且可靠地处理 PB 级别的数据,并且能够允许用户将之部署到上千台服务器上。与传统的关系数据库不同,BigTable 把所有数据都作为对象来处理,形成一个巨大的表格,用来分布存储大规模结构化数据。

5. 虚拟化技术

虚拟化技术可隔离软件应用与底层硬件,它既包括将单个资源划分成多个虚拟资源的裂分模式,也包括将多个资源整合成一个虚拟资源的聚合模式。虚拟化技术根据对象可分成存储虚拟化、计算虚拟化和网络虚拟化等,计算虚拟化又分为系统级虚拟化、应用级虚拟化和桌面虚拟化。

6. 云计算平台管理技术

云计算资源规模庞大,服务器数量众多并分布在不同的地点,同时运行着数百种应用,因此,有效地管理这些服务器,保证整个系统能为用户提供不间断的服务是一项巨大的挑战。

云计算系统的平台管理技术能够使大量的服务器协同工作,方便地进行业务部署和开通,快速发现和恢复系统故障,通过自动化、智能化的手段实现大规模系统的可靠运营。

4.1.3 云计算的主要服务形式

目前,云计算的主要服务形式包括软件即服务(software as a service,SaaS)、平台即服务(platform as a service,PaaS)和有基础设施即服务(infrastructure as a service,IaaS),如图4.6所示。

图 4.6 云计算的主要服务形式

1. 软件即服务(SaaS)

SaaS 提供商会将应用软件统一部署在自己的服务器上,用户根据需求通过互联网向厂商订购应用软件服务,服务提供商根据客户所订购软件的数量、套餐、时长等因素收费,并且通过浏览器向客户提供软件服务。

SaaS 的优势:由服务提供商维护和管理软件,提供软件运行的硬件设施,用户只需拥有能够接入互联网的终端即可随时随地使用软件。这种模式下,客户不再像传统模式那样花费大量资金在硬件、软件和维护人员身上,只需要支出一定的租赁服务费用,通过互联网就可以享受相应的硬件、软件和维护服务,这是网络应用最具效益的营运模式。对于小型企业来说,SaaS 是采用先进技术服务的较好途径。

2. 平台即服务(PaaS)

PaaS 把开发环境作为一种服务来提供。这是一种分布式平台服务,厂商提供开发环境、服务器平台和硬件资源等服务给用户,用户在其平台基础上定制开发自己的应用程序并通过其服务器和互联网传递给其他客户。PaaS 能够给企业或个人提供研发的中间件平台,提供应用程序开发、数据库、应用服务器、实验、托管及应用服务。

以谷歌应用引擎为例,它是一个由 Python 应用服务器群、BigTable 数据库及 GFS 组成的平台,可为开发者提供一体化主机服务器和可自动升级的在线应用服务。用户编写应用程序并在谷歌公司的基础架构上运行就可以为互联网用户提供服务,并享受由谷歌公司提供的应用运行及维护所需要的平台资源。

3. 基础设施即服务(IaaS)

IaaS 是把厂商由多台服务器组成的"云端"基础设施作为计量服务提供给客户。它将内存、I/O 设备、存储和计算能力整合成一个虚拟的资源池,为整个业界提供存储资源和虚拟化服务器等服务。这是一种硬件托管型的、用户付费使用厂商的硬件设施。例如,亚马逊网络服务(amazon web service,AWS),IBM 的 BlueCloud 等均将基础设施作为服务出租。

IaaS 的优点是用户只需低成本硬件,按需租用相应计算和存储服务,大大降低了用户在硬件上的开销。

4.1.4　大数据平台的作用

使用大数据平台的处理方式可以大大提高处理数据的速度。

1. 传统处理平台已不适应大数据的处理

在大数据环境下,数据来源丰富且类型多样,存储和分析挖掘的数据量庞大,对数据展现的要求较高,并且很看重数据处理的高效性和可用性。

传统的数据采集来源单一,且存储、管理和分析数据量也相对较小,大多采用关系数据库和并行数据仓库即可处理。对依靠并行计算提升数据处理速度方面而言,传统的并行数据库技术追求高度一致性和容错性,根据 CAP 理论,其将难以保证可用性和扩展性。

传统的数据处理方法是以处理器为中心,而大数据环境下需要采取以数据为中心的模式,以减少数据移动带来的开销。因此,传统的数据处理方法已经不能适应大数据的需求。

2. 大数据平台的处理方式

大数据的基本处理流程与传统数据处理流程并无太大差异,主要区别在于:由于大数据要处理大量非结构化的数据,所以在各处理环节中都可以采用 MapReduce 等方式并行处理,如图 4.7 所示。

3. 大数据技术为什么能提高数据的处理速度

大数据可以通过 MapReduce 这一并行处理技术提高数据的处理速度。MapReduce 的设计初衷是通过大量廉价服务器实现大数据的并行处理,对数据一致性要求不高,其突出优势是具有扩展性和可用性,特别适用于对海量的结构化、半结构化及非结构化数据的混合处理。

MapReduce 将传统的查询、分解及数据分析进行分布式处理,将处理任务分配到不同的处理结点,因此具有更强的并行处理能力。作为一个简化的、并行处理的编程模型,

图 4.7   大数据平台的处理方式

MapReduce 还降低了开发并行应用的门槛。使用 MapReduce 技术进行实时分析如图 4.8 所示。

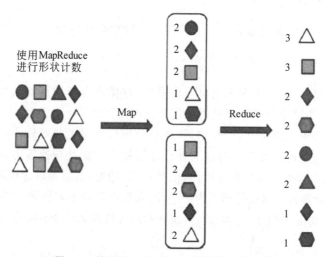

图 4.8   使用 MapReduce 技术进行实时分析

MapReduce 适合进行数据分析、日志分析、商业智能分析、客户营销和大规模索引等业务,并具有非常明显的效果。

◇ 4.2   大数据存储

互联网、物联网、移动设备和其他技术的出现导致数据性质发生根本性的变化。大数据与传统企业数据相比不再集中化、高度结构化并且易于管理。与以往任何时候相比,现在的数据都是高度分散的,结构松散(如果存在结构的话)并且体积越来越大,因此有必要采用大数据技术处理数据。传统数据与大数据对比如表 4.2 所示。

表 4.2　传统数据与大数据对比

传 统 数 据	大 数 据
吉字节(GB)～太字节(TB)	拍字节(PB)～艾字节(EB)
集中化	分布式
结构化	半结构化和无结构化
稳定的数据模型	平面模型
已知的复杂的内部关系	不复杂的内部关系

由于必须将数据组织成关系表(整齐的行和列数据),传统数据仓库才可以处理。传统数据仓库处理时所需的时间和人力成本,对海量的非结构化数据应用是不切实际的。

此外,扩展传统的数据仓库使其适应潜在的 PB 级数据,需要在新的专用硬件上投入巨额资金。由于数据加载的瓶颈,传统数据仓库的性能也会受到影响。

从时间或成本效益上看,传统的数据仓库等数据管理工具都无法实现大数据的处理和分析工作。因此,人们需要存储大数据的新方法。

4.2.1　海量数据的存储需求

海量存储的含义在于,其在数据存储中的容量增长是没有止境的。因此,用户需要不断地扩张存储空间。但是,存储容量的增长往往同存储性能并不成正比,这也就造成了数据存储上的误区和障碍。

海量存储技术的概念已经不仅是针对单台存储设备,而多台存储设备的连接使得数据管理成为一大难题。因此,统一平台的数据管理产品在近几年受到了广大用户的欢迎。这一类型产品能够整合不同平台的存储设备到一个单一的控制界面上,结合虚拟化软件对存储资源进行管理,这样的产品无疑简化了用户的管理。

数据容量的增长是无限的,如果只是一味地添加存储设备,那么无疑会大幅增加存储成本。因此,海量存储对数据的精简也提出了要求。同时,不同应用对存储容量的需求也有所不同,而应用所要求的存储空间则往往并不能得到充分利用,这也造成了存储空间的浪费。

针对以上问题,重复数据删除和自动精简配置两项技术受到了广泛的关注。删除重复数据需要文件块级的比对,将重复的数据块删除而只留下单一实例。这一做法使冗余的存储空间得到释放,从客观上提升存储容量效率。

4.2.2　海量数据存储技术

为了支持大规模数据的存储、传输与处理,针对海量数据存储,目前人们主要开展如下 3 个方向的研究。

1. 虚拟存储技术

存储虚拟化的核心工作是为物理存储设备创建单一逻辑资源池的映射,通过虚拟化技术为用户和应用程序提供虚拟磁盘或虚拟卷。用户可以根据需求对它进行任意分割、合并和重新组合等操作，并将它分配给特定的主机或应用程序，为用户隐藏或屏蔽具体的物理设备的各种物理特性。存储虚拟化可以提高存储利用率、降低成本、简化存储管理，而基于网络的虚拟存储技术已成为一种趋势，它的开放性、扩展性、易管理性等方面的优势将在大数据集群中、异地容灾等应用中充分体现出来。

2. 高性能输入输出（input/output，I/O）

由于极高的性价比和良好的可扩展性，近年来数据集群在高性能计算（high performance computing，HPC）领域得到了广泛的应用。数据共享是集群系统的基本需求。当一个计算任务在集群上运行时，计算结点首先从存储系统中获取数据，然后计算处理，最后将计算结果写入存储系统。在这个过程中，计算任务的开始和结束阶段数据读写的 I/O 负载非常大，而在计算过程中系统几乎没有任何负载。当今的集群系统处理能力越来越强，于是用于计算处理的时间越来越短。但提高传统存储技术架构的带宽和 I/O 能力却非常困难且需要高昂的成本，这将使原始数据量较大时，系统 I/O 读写所占的整体时间相当长，这一问题成为 HPC 集群系统的性能瓶颈。I/O 效率的改进已经成为今天大多数并行集群系统提高效率的首要任务。

3. 网格存储系统

大数据的数据除了对容量的极大需求之外，还要求共享。因此，网格存储系统应该能够满足海量存储、全球分布、快速访问和统一命名的需求，其主要研究的内容包括网格文件名服务、存储资源管理、高性能的广域网数据传输、数据复制和透明的网格文件访问协议等。

4.2.3　云存储

云存储是由网络设备、存储设备、服务器、应用软件、公用访问接口、接入网和客户端程序等组成的复杂系统。其以存储设备为核心，通过应用软件来对外提供数据存储和业务访问服务。云存储的架构如图 4.9 所示。

图 4.9　云存储的架构

1. 存储层

存储设备数量庞大且分布在不同地域,彼此通过广域网、互联网或光纤通道网络连接在一起。在存储设备之上是一个统一存储设备管理系统,其可实现存储设备的逻辑虚拟化管理、多链路冗余管理以及硬件设备的状态监控和故障维护。

2. 基础管理层

该层通过集群、分布式文件系统和网格计算等技术实现云存储设备之间的协同工作,使多个存储设备可以对外提供同一种服务,并提供更大、更强、更好的数据访问性能。数据加密技术可以保证云存储中的数据不会被未授权的用户访问,数据备份和容灾技术可以保证云存储中的数据不会丢失,保证云存储自身的安全和稳定。

3. 应用接口层

在该层,不同的云存储运营商根据业务类型开发不同的服务接口、提供不同的服务。例如,视频监控、视频点播应用平台、网络硬盘和远程数据备份应用等。

4. 访问层

该层授权用户可以通过标准的公用应用接口来登录云存储系统,以享受云存储服务。

4.2.4　NoSQL 非结构化数据库

1. 常规 SQL 结构化关系数据库

结构化查询语言(structured query language,SQL)是一种用于特殊目的的编程语言,是数据库查询和程序设计语言,用于存取数据以及查询、更新和管理关系数据库系统,同时也是数据库脚本文件的扩展名。

结构化查询语言是高级的非过程化编程语言,其允许用户在高层数据结构上工作。它不要求用户指定对数据的存放方法,也不需要用户了解具体的数据存放方式,所以具有完全不同底层结构的不同数据库系统可以使用相同的结构化查询语言作为数据输入与管理的接口。结构化查询语言的语句可以嵌套,这使它具有极大的灵活性和强大的功能。

结构化查询语言有 5 种数据类型:字符型、文本型、数值型、逻辑型和日期型。

2. NoSQL 非结构化数据库

NoSQL 泛指非关系数据库。随着 Web 2.0 网站的兴起,传统的关系数据库在应付 Web 2.0 网站,特别是超大规模和高并发的社交网络服务(social networking services,SNS)类型的 Web 2.0 纯动态网站时已经显得力不从心,暴露了很多难以克服的问题,而非关系数据库则由于其本身的特点得到了迅速发展。NoSQL 数据库就是为了应对大规模数据集合多重数据种类带来的挑战,尤其是大数据应用难题而设计的。

NoSQL(Not Only SQL)意为"不仅仅是 SQL",是一项全新的数据库革命性技术,其于 1998 年被提出,发展至 2009 年趋势越发高涨。NoSQL 的拥护者们提倡运用非关系数据存储数据,相对于铺天盖地的关系数据库运用,这一概念无疑是一种全新的思维。

这种被称为 NoSQL 的新形式的数据库像 Hadoop 一样可以处理大量的多结构化数据。但是,如果说 Hadoop 擅长支持大规模、批量式的历史分析,那么在大多数情况下,NoSQL 数据库的目的是为最终用户和自动化的大数据应用程序提供大量存储在多结构化数据中的离散数据。这种能力是关系数据库欠缺的,一般的关系数据库根本无法在大数据的规模下维持基本的性能水平。

目前可用的 NoSQL 数据库包括 BigTable、DynamoDB、HBase 和 MongoDB 等。

4.2.5　数据仓库

数据仓库(data warehouse,DW)由比尔·恩门(Bill Inmon)于 1990 年提出,主要功能仍是将组织经年累月所累积的大量资料通过数据仓库理论所特有的资料存储架构进行系统分析和整理,以利于各种分析方法(如联机分析处理、数据挖掘),进而服务于决策支持系统的创建,帮助决策者快速有效地从大量资料中分析出有价值的信息,以利决策拟定及快速回应外在环境变动,帮助建构商业智能(BI)。数据仓库的体系结构如图 4.10 所示。

图 4.10　数据仓库的体系结构

数据仓库是在数据库已经大量存在的情况下为了进一步挖掘数据资源和决策需要而产生的,它并不是大型数据库。建设数据仓库方案的目的是为前端查询和分析打下基础,由于有较大的冗余,所以其需要的存储也较大。

为了更好地为前端应用服务,数据仓库往往有如下特点。

1. 效率高

数据仓库的分析数据一般分为日、周、月、季和年等,可以看出,以日为周期的数据要求的效率最高,要求 24 小时甚至 12 小时内客户能看到昨天的数据分析。有的企业每日数据量很大,设计差的数据仓库经常会出问题,延迟 1~3 日才能给出数据。

2. 数据质量

数据仓库所提供的各种信息,应该是准确的数据,但由于数据仓库流程通常被分为多个步骤,包括数据清洗、加载、查询和展现等,复杂的架构会有更多层次,不论是数据源有"脏数据"还是代码不严谨的情况,都会出现数据失真的问题,客户看到错误的信息就可能分析出错误的决策,造成损失而不是效益。

3. 扩展性

部分大型数据仓库系统结构设计复杂是因为考虑到了未来 3~5 年的扩展性,在保证数据仓库稳定运行的前提下,减少重建数据仓库系统的费用。扩展性主要体现在数据建模的合理性,数据仓库方案中多出一些中间层,使海量数据流有足够的缓冲,防止因数据量过大而导致系统无法运行。

基于数据仓库的决策支持系统由 3 部分组成:数据仓库技术、联机分析处理技术和数据挖掘技术,其中数据仓库技术是系统的核心。

4. 面向主题

传统数据库的数据组织面向事务处理任务,各个业务系统之间各自分离,而数据仓库中的数据是按照一定的主题域进行组织的。主题与传统数据库的面向应用相对应,每个主题对应一个宏观的分析领域,是一个在较高层次上将企业信息系统中的数据综合、归类并进行分析利用的抽象概念。数据仓库排除对于决策无用的数据,提供特定主题的简明视图。

◆ 4.3　大数据计算模式与处理系统

大数据计算模式是指根据大数据的不同数据特征和计算特征,从多样性的大数据计算问题和需求中提炼并建立的各种高层抽象(abstraction)或模型(model)。

传统的并行计算方法主要从体系结构和编程语言层面定义一些较为底层的并行计算的抽象概念和模型,但由于大数据处理问题的方式具有很多高层的数据特征和计算特征,因此,大数据处理需要更多地结合这些高层特征,考虑更为高层的计算模式。

4.3.1　数据计算

面向大数据处理的数据查询、统计、分析和挖掘等需求催生了不同的大数据计算模式,整体上人们把大数据计算分为离线批处理计算、实时交互计算和流计算 3 种。

1. 离线批处理计算

随着云计算技术被广泛应用,基于开源的 Hadoop 分布式存储系统和 MapReduce 数据处理模式的分析系统也得到了广泛的应用。

Hadoop 是一个能够对大量数据进行分布式处理的软件框架,而且能以一种可靠、高效、可伸缩的方式处理数据,依靠横向扩展,通过不断增加廉价的商用服务器来提高计算和存储能力。用户可以轻松地在 Hadoop 上开发和运行处理海量数据的应用程序。

Hadoop 平台主要是面向离线批处理应用的,典型的应用场景是通过调度批量任务操作静态数据,计算过程相对缓慢,有的查询需要几小时甚至更长时间才能产生结果,对于实时性要求更高的应用和服务则显得力不从心。

MapReduce 是一种集群并行编程模型,其能够满足大部分应用的需求。虽然 MapReduce 是分布式/并行计算方面一个很好的抽象架构,但它并不一定适合解决计算领域的任何问题,也不能为实时应用提供高效处理,例如,基于网页检索和点击流量的广告投放,基于实时用户行为数据分析的社交推荐,基于网页检索和点击流量的反作弊统计等。因为处理实时应用需要执行多轮作业,或者需要将输入数据的粒度切分得很小。

2. 实时交互计算

当今的实时计算一般都需要针对海量数据进行,除了要满足非实时计算的一些需求(如计算结果准确)以外,实时计算较重要的需求是实时响应计算结果,一般要求为秒级,实时计算一般可以分为以下两种应用场景。

(1) 数据量巨大且不能提前计算出结果,但要求对用户的响应时间是实时的,其主要用于特定场合下的数据分析处理。当数据量庞大,同时又无法穷举所有可能条件的查询组合,或者大量穷举出来的条件组合无用时,实时计算就可以发挥作用,其可以将计算过程推迟到查询阶段进行,但需要为用户提供实时响应。这种情形下,也可以将一部分数据提前处理,再结合实时计算结果以提高处理效率。

(2) 数据源是实时的、不间断的,但要求对用户的响应时间是实时的。实时的、不间断的数据源也被称为流式数据。数据流是在时间分布和数量上无限的一系列数据记录的集合体,数据记录是数据流的最小组成单元。例如,在物联网领域传感器产生的数据可能是源源不断的。实时的数据计算和分析可以动态地对数据进行统计,对系统的状态监控、调度管理具有重要的实际意义。

海量数据的实时计算过程可以被划分为以下 3 个阶段:数据实时采集阶段、数据实时计算阶段和实时查询服务阶段,如图 4.11 所示。

图 4.11　实时计算过程

3. 流计算

在很多实时应用场景中,存在数据量大、实时性要求高的情况,而且数据源是实时的、不间断的。例如,实时交易系统、实时诈骗分析、实时广告推送、实时监控和社交网络实时分析等。新到的数据必须马上被处理完,否则后续的数据就会堆积起来,永远也处理不完。处理数据的反应时间经常被要求在秒级以下,甚至是毫秒级,这就需要一个高度可扩展的流计算解决方案。

流计算就是针对实时连续的数据类型而设计的。在流数据不断变化的运动过程中实时地进行分析,捕捉到可能对用户有用的信息,并把结果发送出去。整个过程中,数据分析处理系统是主动的,而用户却处于被动接收的状态。流计算过程如图 4.12 所示。

图 4.12　流计算过程

4.3.2　聚类算法

聚类分析是一种重要的人类行为,早在孩提时代,一个人就可通过不断改进下意识中的聚类模式学会如何区分猫与狗、动物与植物等。聚类分析目前在许多领域都得到了广泛的研究并被成功地应用,如用于模式识别、数据分析、图像处理、市场研究和 Web 文档分类等。

聚类就是按照某个特定标准(如距离准则)把一个数据集分成不同的类或簇,使同一个簇内的数据对象的相似性尽可能大,不在同一个簇中的数据对象的差异性也尽可能地大。也就是说,聚类后同一类的数据将被尽可能地聚集到一起,不同类的数据则被尽可能地分离。

聚类技术正在蓬勃发展,数据挖掘、统计学、机器学习、空间数据库技术、生物学以及市场营销等领域的人员也为聚类技术的研究做出了贡献。各种聚类方法被不断提出和改进,而不同的方法适合不同类型的数据,因此对各种聚类方法、聚类效果的比较成为了值得研究的课题。

聚类算法有很多,现在已知的算法主要有以下 4 种类型:划分聚类、层次聚类、基于密度的聚类和基于表格的聚类。

4.3.3　数据集成

近几十年来,科学技术的迅猛发展和信息化的推进使人类社会积累的数据量已经超过了过去 5000 年的总和,数据的采集、存储、处理和传播的数量也与日俱增。企业实现数据共享可以使更多人更充分地使用已有数据资源,减少资料收集、数据采集等的重复劳动和相应费用。

但是,由于不同用户提供的数据来自不同的途径,其数据内容、数据格式和数据质量千差万别,有时甚至会遇到数据格式不能转换或数据转换格式后丢失信息等棘手问题,这些问题严重阻碍了数据在各部门和各软件系统中的流动与共享。因此,对数据进行有效的集成管理已成为人们的必然选择。

1. 数据集成模型分类

数据集成是把不同来源、格式、特点性质的数据在逻辑上或物理上有机地集中,从而为企业提供全面的数据共享。在企业数据集成领域,已经有了很多成熟的框架可以利用。目前通常采用联邦数据库系统、基于中间件模式和数据仓库模式等方法来构造集成的系统,这些技术可以在不同的着重点和应用上解决数据共享并为企业提供决策支持。下面将对这几种数据集成模型做基本的分析。

1) 联邦数据库系统

该数据库系统由半自治数据库系统构成,相互之间分享数据。联邦各数据源之间相互提供访问接口,同时该数据库系统可以是集中数据库系统或分布式数据库系统及其他类型数据库,松耦合而不提供统一的接口,但可以通过统一的语言访问数据源,其中的核心是必须解决所有数据源语义上的问题。

2) 基于中间件模式

中间件模式是目前比较流行的数据集成方法,它在中间层提供一个统一的数据逻辑视图来隐藏底层的数据细节,使用户可以把集成数据源看成一个统一的整体。这种模型的关键问题是构造逻辑视图并使不同数据源之间能映射到中间层。

该模式可通过统一的全局数据模型访问异构的数据库、遗留系统和 Web 资源等。中间件位于异构数据源系统(数据层)和应用程序(应用层)之间,向下协调各数据源系统,向上为访问集成数据的应用提供统一数据模式和数据访问的通用接口。该模式下的各数据源的应用仍然完成它们的任务,而中间件系统则主要集中为异构数据源提供一个高层次检索服务。

3) 数据仓库模式

数据仓库模式是在另一个层面上表达数据之间的共享,它主要是为了针对企业某个应用领域提出的数据集成方法,也就是在上面所提到的面向主题并为企业提供数据挖掘和决策支持的系统。数据仓库模式是在企业管理和决策中面向主题的、集成的、与时间相关的和不可修改的数据集合。其中,数据被归类为广义的、功能上独立的、没有重叠的主题。

2. 数据集成方案

数据集成主要是基于分散信息系统的业务数据进行再集中、再统一管理的过程,是一个渐进的过程,只要有新的、不同的数据产生,就不断有数据集成的步骤执行。从数据集成应用的系统部署、业务范围、实施成熟性看其主要可分为 3 种架构:单个系统数据集成架构、企业统一数据集成架构和机构之间数据集成架构。

1) 单个系统数据集成架构

国内目前主要是以数据仓库系统为代表提供服务而兴建的数据集成平台,面向企业内部如 ERP、财务、OA、电子文档等多个业务系统,集成企业所有基础明细数据,将数据转换成统一标准,按星状结构存储,面向市场经营分析、客户行为分析等多个特有主题进行商务智能服务。这种单个系统数据集成应用架构的主要特点是"多对一"、复杂的转换条件、TB级的数据量处理与加载,数据存储结构特殊,星状结构、多维立方体并存,数据加载层级清晰。单个系统数据集成架构如图4.13所示。

图 4.13　单个系统数据集成架构

2) 企业统一数据集成架构

组织结构较复杂的大型企业、政府机构尤为偏爱这种数据集成架构,因为这些单位具有业务结构相对独立、数据权力尤为敏感、数据接口复杂繁多等特征,更需要多个部门一起协商建立一个统一的数据中心平台来解决部门之间频繁的数据交换需求。例如,金融机构、电信企业、公安和税务等政府机构的业务相对独立、层级管理的组织结构决定了内部数据交互的复杂性。概括来说,此类应用具有多对多的架构、数据交换频繁、需要独立的数据交换存储池、数据接口与数据类型繁多等特点。

对于企业管理性、决策性较强的信息系统,如主数据管理系统、财务会计管理系统、数据仓库系统等数据可直接来源于数据中心,摆脱了没有企业数据中心前的"一对多"交叉的困扰,避免了业务系统对应多种管理系统时需要数据重复传送(如 CRM 系统中新增一条客户信息数据后,数据将被直接发送到企业数据中心,由企业数据中心面向风险管理系统、数据仓库系统和主数据管理系统进行分发即可)。企业统一数据集成架构如图4.14所示。

3) 机构之间数据集成架构

这种架构多应用于跨企业、跨机构、多个单位围绕某项或几项业务进行的业务活动,或由一个第三方机构来协调这些企业、机构之间的数据交换,制定统一的数据标准,从而形成一个多机构之间的数据集成平台。例如,中国银联与各商业银行之间的应用案例、各市政府信息中心与市政府各机关单位之间的应用案例、外贸 EDI(海关、检验检疫局、外汇局、银行、保险和运输等)和 B2B 电子商务平台等。这类应用属于跨多企业、单位的"多对

图 4.14 企业统一数据集成架构

多"的架构,具有数据网络复杂、数据安全性要求高和数据交换实时性强等特点。机构之间数据集成架构如图 4.15 所示。

图 4.15 机构之间数据集成架构

以上 3 种数据集成架构中,第一种是对应某一个应用系统的"多对一"架构,第二种是完成企业内部众多系统之间数据交换的"多对多"架构,第三种是为多个跨企业、单位机构实现某一项或几项业务活动而建立的"多对多"架构,数据集成的应用差不多都是基于这

3 种架构,每种架构可能会对应多种数据集成应用。国内企业常见的数据集成应用有数据仓库、数据同步和数据交换,随着企业并购、新旧系统升级、分布式系统向大数据集中看齐、电子商务的发展、多个企业单位协同作业等众多业务需求的诞生,数据集成的应用越来越多。

4.3.4 数据处理语言

1. 数据分析语言 R

1)R 语言的源起

贝尔实验室曾经开发出一种用来进行数据探索、统计分析和作图的解释型语言——S 语言,其被用作统计分析平台。后来新西兰奥克兰大学的教师及其他志愿人员于 1995 年在 S 语言基础上创造了开源语言——R 语言,目的是专注于提供更好和更人性化的方式进行数据分析、统计和建立图形模型。

起初 R 语言主要是在学术和研究中应用,但近年来发现 R 语言在企业界也有优秀的表现。这使得 R 语言成为全球发展最快的企业应用统计语言之一。

2)做数据分析必须学 R 语言的理由

R 语言是一种灵活的编程语言,专为促进探索性数据分析、经典统计学测试和高级图形学而设计。R 语言拥有丰富的但仍在不断扩大的数据包,这使其处于统计学、数据分析和数据挖掘发展的前沿,是不断成长的、大数据领域的有用工具,目前已被集成到多个商用软件包中。

2. 大数据开发语言 Python

Python 是一种面向对象的解释型计算机程序设计语言,由荷兰人吉多·范罗苏姆(Guido van Rossum)于 1989 年发明。Python 在设计上坚持了清晰整洁的风格,这使其成为一门易读、易维护,并且被大量用户所欢迎的、用途广泛的语言。Python 具有丰富和强大的库,它常被昵称为“胶水语言”,能够把用其他语言制作的各种模块(尤其是 C/C++)很轻松地连接在一起。

Python 提供了非常完善的基础代码库,覆盖了网络、文件、GUI、数据库和文本等大量内容,这些库被形象地称作“内置电池”(batteries included)。用 Python 开发应用程序时许多功能可能都不必由开发者从零编写,直接使用现成的库即可。除了内置的库外,Python 还有大量的第三方库,也就是别人开发的、供开发者直接使用的库元素。当然,如果某人开发的代码通过较好的封装拥有极大的灵活性,那么他也可以将之发布为第三方库供开发者使用。

许多大型网站就是用 Python 开发的,例如,YouTube、Instagram,还有国内的豆瓣。很多大公司包括谷歌等甚至美国航空航天局都大量地使用 Python 开发 Web 应用。

Python 也是数据科学家较喜欢的开发语言之一。与 R 语言不同,Python 本身就是一门工程性语言,数据科学家用 Python 实现的算法可以直接运行在产品中,这对于大数据初创公司节省成本有很大的帮助。只要学会 Python 就可以实现一个完整的大数据处理平台。Python 应用领域如表 4.3 所示。

表 4.3　Python 应用领域

领　　域	流　行　语　言
云基础设施	Python、Java、Go
DevOps	Python、Shell、Ruby、Go
网络爬虫	Python、PHP、C++
数据处理	Python、R、Scala

正是因为应用开发工程师、运维工程师和数据科学家都喜欢使用 Python,才使得 Python 成为大数据系统的全栈式开发语言。

3. R 语言与 Python 的区别和联系

1) 区别

Python 与 R 语言的区别是显而易见的,R 语言是针对统计分析开发的语言,Python 是程序员的开发语言。2012 年 R 语言是学术界的主流,但是如今 Python 正在慢慢取代 R 语言在学术界的地位。

Python 与 R 语言相比速度要快。Python 可以直接处理数吉字节的数据而 R 语言不行,R 语言分析数据时需要先通过数据库把大数据转换为小数据,然后才能交给 R 语言分析出计算结果。Python 的一个明显优势在于其“胶水语言”的特性,一些底层用 C 语言写的算法被封装在 Python 包里后性能非常高效。

R 语言的优势在于有包罗万象的统计函数可供调用,特别是在时间序列分析方面,无论是经典还是前沿的方法都有相应的包可供开发者直接使用。相比之下,Python 在这方面的资源比较贫乏。

不过近年来,Python 也有不断改良的库(主要是 pandas),这使 Python 也成为了数据处理任务的一大替代方案。

2) 联系

通过 R 语言和 Python 可共享文件,Python 把源数据处理干净,生成格式化的文件放在预定的目录下,做个定时器让 R 语言去读文件,最终输出统计结果和图表。

Python 可以直接调用 R 语言的函数,R 语言是开源项目,有 rpy2 之类的模块,通过这些模块可以实现用 Python 读取 R 语言的对象、调用 R 语言的方法以及将 Python 与 R 语言数据结构转换等操作。

◆ 4.4　大数据应用案例：北京人在哪儿上班和睡觉

如何读懂一座城市?人们把生活构建在大大小小的城市中,城市不仅为人们提供工作机会,更寄托着人们对休闲、娱乐和教育等活动的诸多期待。在复杂、动态的城市环境中,每个人只能看到自己周围的生活,而几乎无法了解整个城市的场景。尤其是生活在一个特大城市,例如,常住人口超过 2300 万的北京,可能很多人穷尽一生都无法彻底读懂这座城市。

如今,有了"大数据"这样的信息时代新利器,人们每日都能直观俯视城市的变化,不必只从平面地图和县志中间接理解城市。

但是,房子和土地只是表象,人的聚集才是城市的本质。就像使用卫星地图监控城市的土地开发那样,人们现在利用大数据技术,能够在不同层次监测人口聚集,更好地回答"人在哪儿"这个问题。

1. 传统的宏观统计

编者采用街道尺度的第六次人口普查数据分析了北京市域街道层面的人口总量和人口密度分布。

从人口总量看,昌平区的回龙观、东小口镇(天通苑)、北七家镇(天通苑以北),海淀区的学院路、北太平庄街道以及大兴区的黄村地区都聚集了大量人口;而从人口密度看,高密度区为海淀区和西城区。因为聚集了大量的优质教育资源,海淀区在总量和密度上均呈现较高的值,所谓"宇宙中心",果然名不虚传。

上述数据可以展示北京市的脉络,但从中终究无法看到时间如何在城市中流逝、人们在城市中如何运动。由此,这里尝试用大数据去回答城市中"人在哪儿"的问题,把时间维度放进城市空间分析,重新理解城市中人的活动。

2. 北京:在哪儿上班,在哪儿睡觉

编者采用百度(百度热力图)和腾讯(宜出行平台)实时网格人口数据,选择工作日上午 10 点和夜间 23 点(分别代表上班工作和下班居家的活动状态),由此得出城市的职住中心。上午 10 点人口分布(即就业分布)如图 4.16 所示,图中可清晰展现人口集聚区及稀疏区。

由图 4.16 可知,就业中心主要集中在中关村、知春路、朝阳门—建国门—国贸一带、王府井—东单、金融街、西单、西直门、上地、望京、东直门、亮马桥、朝阳路十里堡段、惠新西街南北口、五道口和六道口等(北京南站因处于交通枢纽而聚集较多人群)。

图 4.17 为夜间 23 点的人口分布(即居住分布)。可以发现,居住中心主要集中在中关村、回龙观、西小口、六道口、五道口、牡丹园、清河、知春路、大钟寺、学院南路、劲松—潘家园、宋家庄—石榴庄、京沪高速与南六环相交处、十里堡、望京、北苑、立水桥、天通苑、芍药居和小营等地。

通过对比可以发现北京市白天和黑夜的两种不同形态。第一种空间,白天熙熙攘攘的金融街、国贸、西单和王府井等商业就业中心到了晚上一片寂静;第二种空间,集商业、就业、居住于一体的中关村、五道口、六道口和知春路等地,无论白天还是黑夜均聚集大量人口;第三种空间,回龙观、天通苑、北苑和宋家庄等主要以居住为主的地区,体现了睡城的基本特征。由此,大数据可以帮助人们进行实时动态监测,了解城市居民如何使用城市空间。

图 4.16　上午 10 点人口分布(即就业分布)

图 4.17　夜间 23 点的人口分布(即居住分布)

3. 总结

基于上述用大数据进行的"人在哪儿"的分析,城市从二维的地图和文字中活了起来。人们可以观察城市在 24 小时中的不同面貌,在不同时间段、时间点人流量的差异。

如果说传统统计数据的特征是平面、静态和粗放的,那么大数据则让城市的数据维度走向立体、动态和精确。如果说传统的统计数据主要服务于执政者从上至下的行政管理,那么大数据则服务于自下而上地解决问题。

大城市中人地矛盾的问题已十分突出,政府制定政策时往往首先想到疏解人口。但事实上,依靠数据提升精细化的规划和管理水平后,我国的城市也可以和东京等城市一样更好地满足不同人群的基础设施和公共服务需求,最大化发挥有限设施的服务水平,提高其使用效率。可以说,大数据让城市和生活更加融合,让空间和市民更加贴近,最终让人们的城市生活更加美好。

◇ 习题与思考题

一、选择题

1. 在云计算中,虚拟层主要包括(   )。

    A. 服务器虚拟化   B. 存储虚拟化   C. 网络虚拟化   D. 桌面虚拟化

2. Hadoop 项目包括(   )。

    A. Hadoop Distributed File System(HDFS)

    B. Hadoop MapReduce 编程模型

    C. Hadoop Streaming

    D. Hadoop Common

3. 云计算的服务方式有(   )。

    A. IaaS   B. RaaS   C. PaaS   D. SaaS

4. 云是一个平台,是一种业务模式,其可以为用户提供一些比较特殊的 IT 服务,包括(   )3 部分。(多选题)

    A. 管理平台   B. 服务提供   C. 构建服务   D. 硬件更新

5. 下列关于计算机存储容量单位的说法中,错误的是(   )。

    A. 1KB<1MB<1GB   B. 基本单位是字节(Byte)

    C. 一个汉字需要 1 字节的存储空间   D. 1 字节能够容纳一个英文字符

6. 数据仓库的最终目的是(   )。

    A. 收集业务需求   B. 建立数据仓库逻辑模型

    C. 开发数据仓库的应用分析   D. 为用户和业务部门提供决策支持

7. 下面(   )选项属于大数据技术的"数据存储和管理"技术层面的功能。

    A. 利用分布式文件系统、数据仓库、关系数据库等实现对结构化、半结构化和非结构化海量数据的存储和管理

    B. 利用分布式并行编程模型和计算框架,结合机器学习和数据挖掘算法,实现对海量数据的处理和分析

    C. 构建隐私数据保护体系和数据安全体系,有效保护个人隐私和数据安全

    D. 把实时采集的数据作为流计算系统的输入,进行实时处理分析

8. 云计算平台层(PaaS)指的是(   )。

    A. 操作系统和围绕特定应用的必需的服务

    B. 将基础设施(计算资源和存储)作为服务出租

    C. 从一个集中的系统部署软件,使之在一台本地计算机上(或从云中远程地)运行的一个模型

D. 提供硬件、软件、网络等基础设施以及提供咨询、规划和系统集成服务

9. 云计算的服务模式和类型主要包括(　　)。(多选题)

A. 软件即服务(SaaS)　　　　　　B. 平台即服务(PaaS)

C. 基础设施即服务(IaaS)　　　　D. 数据采集即服务(DaaS)

10. 大数据的低耗能存储及高效率计算的要求,需要以下(　　)协同合作。(多选题)

A. 分布式云存储技术

B. 高性能并行计算技术

C. 多源数据清洗及数据整合技术

D. 分布式文件系统及分布式并行数据库

E. 可视化高维度展示技术

二、问答题

1. 什么是云计算?

2. 画图描述云计算系统的体系结构。

3. 简述云计算服务层次。

4. 云计算的核心技术有哪些? 相互之间有什么关系?

5. 什么是分布式存储系统? 什么是云存储?

6. 什么是 NoSQL 非结构化数据库? 什么是大规模并行分析数据库?

7. 简述数据仓库原理及构成。

8. 简述数据仓库的基本架构。

9. 什么是实时交互计算? 什么是流计算?

10. 解释数据分类与聚类的概念。

11. 什么是数据集成?

12. 解释数据分析语言 R 和大数据开发语言 Python 的区别。

第 5 章

大数据系统输出

◇ 5.1 数据的查询

5.1.1 在常规数据库查询结构化数据

数据库是为有效地管理信息而创建的,人们希望数据库可以随时提供数据信息,因此,对用户来说,数据查询是数据库较重要的功能。在数据库中创建对象并且在基表中添加数据后,用户便可以从数据库中检索特定信息。

结构化查询语言(structured query language,SQL)是一种为特殊目的而设计的编程语言,是一种数据库查询和程序设计语言,用于存取数据以及查询、更新和管理关系数据库系统,其简写 sql 同时也是数据库脚本文件的扩展名。

结构化查询语言允许用户在高层数据结构上工作,它不要求用户指定数据的存放方法,也不需要用户了解具体的数据存放方式,所以具有完全不同底层结构的不同数据库系统也可以使用相同的结构化查询语言作为数据输入与管理的接口。

不过各种通行的数据库系统在实践过程中都对 SQL 规范做了某些编改和扩充。所以,在实践中不同数据库系统之间的 SQL 并不能完全通用。

5.1.2 大数据时代的数据搜索

在大数据时代,人们对于搜索引擎的要求不再是从海量信息里找到结果,而是在海量结果里找到唯一,快速找到准确的答案比找到更多的答案更重要。

1. 结构化数据对搜索的价值

结构化数据和网页数据相比更能满足"找准唯一答案"的需求。网页分析是靠文本匹配,而结构化数据的分析既支持内容提供者的主动接入,也支持搜索引擎的个性化精准分析。这两种方式都会增加内容提供者或者搜索引擎的成本,但是其带来的回报是用户能快速得到准确的唯一答案。

2. 大数据挖掘是搜索引擎的机会

搜索引擎经过 20 多年的发展,在文本分析、关系发掘、图谱构造和用户语义理解等方面已有丰富的技术经验积累,这些技术是实现大数据挖掘的基本技术。

一般来说,搜索引擎提供非结构化文本的查询服务,数据库引擎提供结构化数据的查询服务。因此,结构化应用和利用数据库实现的数据挖掘过程难以被拓展到非结构化数据上。例如,搜索引擎对一个公开站点进行索引后,试图利用结构化数据分析方法来对该站点的注册用户行为进行分析通常是不太可能的,对 BBS、博客、微博的顶帖人分析,哪些是假冒的明星粉丝,哪些人是托,但这些分析对一些商业化公司是有用的,特别是广告公司。

目前缺乏有效的手段来进行跨越站点的综合分析,一般只能针对特定网站设计分析。如果能够用搜索引擎提供结构化查询的方法,很多标准的结构化分析程序将可以派上用场。

如果说大数据是金矿,拥有大数据的垂直网站、社交网站、App 服务商、云计算服务商、物联网拥有者、政府组织和企业组织就是矿山的老板。这些大数据的拥有者可以自行从金矿中掘金,也可以将金矿卖给搜索引擎或者大数据挖掘公司。搜索引擎为金矿埋单的同时,必须让自己从加速信息流动的管道转变为会淘金的人。

3. 互联网信息的特点

1) 面向显示与面向数据

从信息交换的角度看,目前互联网上的信息大多以 HTML(hypertext markup language,超文本标记语言)文档的形式存在,用户与服务器之间信息的传递主要依赖超文本传输协议。HTML 文档中的信息是面向显示的,其使用规范的标记定义文档的文本应如何显示。这些标记由浏览器负责处理,而信息的理解工作则用户自己完成。

2) 半结构化与非结构化

在互联网上,数据被嵌在 HTML 文档的文本中,而数据的部分组织信息则被嵌在标记中。从文档标记的角度看,HTML 是显示超链接的文档;从数据的角度看,文档所蕴含的数据也是半结构化的,这是因为:数据没有严格的结构模式、含有不同格式的数据(如文本、声音和图像等)、HTML 文本无法区分数据类型、多个异质数据源中不同的站点给含义相同的信息起了不同的名字(如"级别"与"等级"等)。

3) 不同形式数据源的数据

除了保存在 HTML 文档中的信息外,互联网上还有大量信息被存储在文本文档、传统的关系或对象数据库中,这些不同形式的数据在互联网上需要通过集成并用 HTML 文档显示,以实现共享和交换。

如何有选择地从已有数据开始,生成供浏览的页面并建立站点是管理互联网站点必须仔细考虑的问题。

4) 静态与动态

互联网站点上的信息是随时间而动态变化的,信息内容的变化(增加、删除和修改)需要被及时地反映到互联网页面中。另一方面,站点的页面组织结构可能发生改变(如页面的增加、删除和修改)也要被及时反映到站点页面的目录层次结构中。

5）界面友好

Web 站点的信息主要面向一般的非计算机专业用户。因此，用户对界面的友好性、易用性提出了更高的要求。用户获取信息的渠道越来越多，方式越来越灵活。因此，提供给用户的服务应该适应多种形式的用户界面。

4. XML 成为数据组织和交换的事实标准

随着网上数据数量的不断激增，人们对网上信息的应用需求也不断提高，原有的对文本文件的链接浏览和关键词检索已无法满足一些复杂的应用需求。但是，将传统数据库技术直接应用于网上数据的最大困难在于：网上数据缺乏统一的、固定的模式，数据往往是不规则且经常发生变动的。因此，半结构化数据模型应运而生，其无固定模式及自描述的特点适宜描述网上数据。

事实上，日益普及的 XML 数据就是一种自描述的半结构化数据，它的出现推动了互联网技术在电子商务、电子数据交换和电子图书馆等多方面的应用。但对于如何有效地存储、管理和查询这类数据，目前却莫衷一是，已有的数据库技术如关系数据库、面向对象数据库等都不能完全适应新的应用需求，而专用的半结构化数据管理系统目前仍处于初步实验阶段。

可以预言，XML 将成为数据组织和交换事实上的标准，大量的 XML 数据将很快出现在 Web 上。XML 为 Web 的数据管理提供了新的数据模型，很多成熟的数据库技术将进入 Web 信息处理领域，将其变为一个巨大的数据库。

5.1.3　数据库与信息检索技术的比较

互联网目前还只是一个巨大的、分布式的信息检索系统，大多数搜索引擎仍基于信息检索技术。数据库技术与信息检索技术有很多不同，如表 5.1 所示。

表 5.1　数据库技术与信息检索技术的比较

比 较 项 目	数据库技术	信息检索技术
数据	有结构	无结构
模型	有确定的模型	基于概率
查询语言	人工的（如 SQL 等）	自然的
查询规范	完全的	不完全的
匹配	精确匹配	部分匹配、最佳匹配
所需条目	基于匹配	基于相关
出错报告	敏感的	不敏感
推理	演绎	归纳
类属	单向度	多向度
数据更新	完全支持	不支持

续表

比 较 项 目	数据库技术	信息检索技术
事务	支持	不支持
使用	面向应用	面向人

以上两者最重要的区别是数据库的数据结构性更强,比信息检索的数据包含更多的语义。在一定意义上,信息检索技术更适合处理无结构数据,数据库则是管理结构数据的最好途径。在本质上,信息检索使用近似法为用户的浏览需求查找相关信息。这个"近似"的含义包括近似的查询条件说明、近似匹配和近似结果。

数据库的查询语言通常是人工语言,有严格的语法和词汇表;在信息检索中,人们经常使用的是自然语言。

随着数据数量的激增和 Web 规模的快速增长,想要使用传统的信息检索方法在这样一个无限的信息海洋中准确、快速定位所需信息,将越来越力不从心,在未来的 Web 发展中,提高信息检索的准确性和效率将成为一个关键问题。

另一方面,目前出现了超越浏览方式而使信息面向应用访问的迫切需求,这种需求将为各种服务提供自主性、互操作性和 Web 意识。无结构的 HTML 文档及其相应的信息检索技术将不再适应下一代更复杂的 Web 应用。

因此,未来的 Web 信息将由更近似数据库的方式进行管理,而不是单一的信息检索方式,Web 资源需要以有结构的方式组织和访问。

◆ 5.2 网络数据索引与查询技术

5.2.1 搜索引擎技术概述

目前查询网络数据使用较多的是搜索引擎(search engine),搜索引擎可以根据一定的策略,运用特定的计算机程序搜集互联网上的信息,将信息进行组织和处理后显示给用户,是为用户提供检索服务的系统。

1. 搜索引擎的发展

1990 年,加拿大麦吉尔大学计算机学院的师生希望拥有一个可以用文件名查找文件的系统,于是他们开发出了 Archie。当时,万维网(world wide web,WWW)还没有出现,人们只能通过 FTP 共享交流资源。Archie 能定期搜集并分析 FTP 服务器上的文件名信息,查找分布在各个 FTP 主机中的文件。用户可以输入精确的文件名进行搜索,Archie 将告诉用户哪个 FTP 服务器能下载该文件。

虽然 Archie 搜集的信息资源不是网页(HTML 文件),但其和搜索引擎的基本工作方式是相同的:自动搜集信息资源、建立索引、提供检索服务。所以,Archie 被公认为是现代搜索引擎的鼻祖。由于 Archie 深受人们欢迎,受其启发,1993 年人们又开发了一个 Gopher 搜索工具。

2. 搜索引擎的分类

1）全文索引

全文索引是名副其实的搜索引擎,国外代表有谷歌,国内则有著名的百度搜索。它们从互联网提取各个网站的信息,建立数据库,并能检索与用户查询条件相匹配的记录,按一定的排列顺序返回结果。

根据搜索结果来源可将全文索引分为两类:一类拥有自己的检索程序,俗称"爬虫"程序或"机器人"(robot)程序,能自建网页数据库,直接从自身的数据库中调用搜索结果,上面提到的谷歌和百度搜索就属于此类;另一类则是租用其他搜索引擎的数据库,并按自定的格式排列搜索结果,如 Lycos 搜索引擎。

2）目录索引

目录索引虽然有搜索功能,但严格意义上不能被称为真正的搜索引擎,只是按目录分类的网站链接列表而已。用户完全可以按照分类目录找到所需要的信息,不依靠关键词(keyword)进行查询。目录索引中较具代表性的是新浪分类目录搜索。

3）元搜索引擎

元搜索引擎(meta search engine)在接受用户查询请求后可以同时在多个搜索引擎上搜索,并将结果返回给用户。著名的元搜索引擎有 InfoSpace、Dogpile 和 Vivisimo 等。

5.2.2　Web 搜索引擎的工作原理

Web 搜索引擎的工作原理:首先,用爬虫程序进行全网搜索,自动抓取网页;其次,为抓取的网页建立索引,同时也记录与检索有关的属性,中文搜索引擎还需要先对中文进行分词;最后,接受用户查询请求,检索索引文件并按照各种参数进行复杂的计算,将产生结果返回给用户。下文将基于上述原理简要介绍 Web 搜索引擎。

1. Web 搜索引擎的组成

Web 搜索引擎一般由搜索器、索引器、检索器和用户接口 4 部分组成,如图 5.1 所示。

(1) 搜索器:其功能是在互联网中漫游,发现和搜集信息。

(2) 索引器:其功能是分析搜索器所得信息,从中抽取索引项,以其表示文档以及生成文档库的索引表。

(3) 检索器:其功能是根据用户的查询在索引库中快速检索文档,进行相关度评价,对将要输出的结果排序,并按用户的查询需求合理反馈信息。

(4) 用户接口:其作用是接收用户查询信息,显示查询结果,提供个性化查询项。

2. Web 搜索引擎的工作模式

(1) 利用网络爬虫获取网络资源。这是一种半自动化的资源获取方式,所谓半自动化是指搜索器需要人工指定资源的统一资源定位符(uniform resource locator,URL),然后获取该 URL 所指向的网络资源,并分析和获取该资源所指向的其他资源。

图 5.1　Web 搜索引擎的组成

　　网络爬虫访问资源的过程是遍历互联网上信息的过程。实际的爬虫程序为了保证信息收集的全面性、及时性以及多个爬虫程序的分工和合作问题,往往会有复杂的控制机制。如谷歌公司在利用爬虫程序获取网络资源时,会使用多个分布式的爬虫程序管理程序活动任务,然后将获取的资源作为结果返回,并重新获得任务。

　　(2)利用索引器从搜索器获取的资源中抽取信息,并建立利于检索的索引表。在网络爬虫获取资源后,索引器需要对这些资源进行加工过滤,去掉控制代码及无用信息,提取出有用的信息,并把信息用一定的模型表示,使查询结果更为准确。

　　Web 上的信息一般表现为网页,每个网页都须生成一个摘要,此摘要将显示在查询结果的页面中,告诉查询用户各网页的内容概要。模型化的信息将被存放在临时数据库中,由于 Web 数据的量极为庞大,为了提高检索效率,索引器须按照一定规则建立索引。

　　索引的建立包括如下内容。

　　① 分析过程,处理文档中可能的错误。

　　② 索引文档,完成分析的文档被编码进存储单元,有些搜索引擎还会使用并行索引技术。

　　③ 排序,将存储单元按照一定的规则排序。

　　④ 生产全文存储单元。最终形成的索引一般按照倒排文件的格式存放。

　　(3)检索及用户交互。前两部分属于搜索引擎的后台支持,本部分将在前面信息索引库的基础上接受用户查询请求,并到索引库检索相关内容以返回给用户,Web 搜索引擎的工作模式如图 5.2 所示。这部分的主要内容如下。

　　① 理解用户查询(query),即最大可能贴近地理解,用户通过查询串表达查询目的,并将用户查询转换为可供后台检索使用的信息模型。

　　② 根据用户查询的检索模型在索引库中检索结果集。

图 5.2　Web 搜索引擎的工作模式

③ 结果排序：通过特定的排序算法对检索结果集进行排序。

现在用的排序因素一般有查询相关度、谷歌公司发明的网页排名（PageRank）算法、百度公司的竞价技术等。由于 Web 数据的海量性和用户初始查询的模糊性，检索结果集一般很大，而用户一般不会有足够的耐心逐个查看所有的结果，所以设计结果集的排序算法时，把用户感兴趣的结果排在前面是十分重要的。

3. 搜索引擎的设计技术与算法

搜索引擎的评价指标有响应时间、查全率、查准率和用户满意度等。其中，响应时间是从用户提交查询请求到搜索引擎给出查询结果之间的时间间隔，其必须在用户可以接受的范围之内；查全率是指查询结果集信息的完备性；查准率是指查询结果集中符合用户要求的数目与结果总数之比；用户满意度是一个难以量化的概念，除了搜索引擎本身的服务质量外，它还和用户群体、网络环境有关系。在搜索引擎可以控制的范围内，核心问题是搜索结果的排序，即前文提到的把合适的结果排到前面。

总的来说，Web 搜索引擎的 3 个重要问题如下。

（1）响应时间：一般来说合理的响应时间在秒数量级。

（2）关键词搜索：得到合理的匹配结果。

（3）搜索结果排序：如何对海量的结果数据排序。

所以在设计搜索引擎的体系结构时就需要考虑信息采集、索引技术和搜索服务 3 个模块的设计。

◇ 5.3　大数据索引和查询技术

5.3.1　大数据索引和查询

索引和查询技术是数据处理系统的重要入口之一,近年来随着数据量、数据处理速度和数据多样性的快速发展,大数据相关的索引和查询技术也变得更为重要。

传统的索引和查询技术虽然不能很好地解决大数据带来的挑战,然而其核心技术如数据库和数据挖掘系统中使用的经典索引、信息检索系统中的倒排索引等依然是大数据索引和查询系统的基石。

大数据带来的主要挑战是其庞大的数据量,单个结点不能或者无法有效地处理这种数量级的数据。此外数据增长速度非常快,这要求系统不但能处理已有的大数据,还要能快速地处理新数据。这些特征使得人们需要多考虑在大数据环境中独有的因素,并以此来开发和选择大数据索引和查询技术。

例如,设某搜索引擎每天新增1亿篇网文,考虑到网文中有些太平凡的字词不适合被作为关键字,如"的""地""得""不但"和"而且"等,每个网页平均按100个有效关键字估算,要做完一天新增网页的索引表,用传统方法需要扫描1亿网页,写出100亿词汇,然后记录下所有如下的对子:<关键字,所在页面> 再加以整理、去重、合并、压缩后,这需要用多长时间? 需要多大的空间?

谷歌公司提出了一个从海量文档中做索引的方法——MapReduce,正是它协调若干台计算机,并行计算以完成索引表的构建与维护,使谷歌公司在求多求快的竞争中立于不败之地。

分布式是处理大数据的一个基本思路,这同样适用大数据索引和查询系统。分布式索引把全部索引数据水平切分后存储到多个结点上,这可以很好地解决两个问题。

(1)单个结点无法存储庞大的索引数据。

(2)单个结点构建索引的效率瓶颈。当业务增长,需要索引更多的数据或者更快的索引数据时,服务者可以通过水平扩展增加更多的结点来解决。

目前各大数据厂商都已经有支持分布式索引和查询的产品,很多 NoSQL 数据库如MongoDB、HBase 也支持分布式索引和查询。

5.3.2　大数据处理索引工具 MapReduce

MapReduce 是建立海量数据索引的方法,有人说它是像里程碑一样的技术。理解MapReduce,又是理解更时髦的 Hadoop 和 Spark 等大数据技术的基础。其实,过去人们就不知不觉地用了 MapReduce 技术,如机场分发登机牌、银行取号排队和流水作业阅卷等。

海量数据索引使用的是倒排索引(inverted index)算法。倒排索引源于实际应用中根据属性的值来查找记录的思路。这种索引表中的每一项都包括一个属性值和具有该属性值的记录地址。由于其不是由记录来确定属性值而是由属性值来确定记录的位置,因而其被称为倒排索引。

例如,乘客在机场办理登机手续时,会经过三次映射和一次归约。

(1) 第一次映射,进入机场候机大厅,乘客会看到航班信息显示屏,被分散引导到相应的值机区域,如国航 CA1209 航班到 K 区办理。

(2) 第二次映射,在工作人员指引下把乘客分到各值机台办理登机牌。

(3) 第三次映射,把乘客映射到具体的航班、座号,柜台处理包括验看证件、发放登机牌、把乘客分到航班上以及给托运行李挂上航班标签。

(4) 归约成为倒排表。

把上述映射的结果按航班合并、约简,即可组成便于使用的倒排表,如表 5.2 所示。

表 5.2　归约成为倒排表

关　键　字	乘客证件号及其座号队列
…	…
航班 CA1209	1(1 排 A),3(2 排 B),5(3 排 C)…
航班 3U8882	2(5 排 A),4(7 排 B),6(2 排 C)…
…	…

登机牌在该航班起飞前半小时将会停办,对应倒排表停止变化,把乘客按某指标(通常为关注重要程度)排序并分发到该航班和机场、保险公司等相关部门。

此外,用多个单关键字的倒排索引作交集,可以得到多关键字的倒排索引。

(5) 倒排表帮助改善服务。上述倒排索引能帮助机组人员知道登机人数与座位并改善服务,如叫出头等舱客户和金卡客户的姓名且服务到座位。

如有突发事件发生,则倒排表将能作为处突依据,例如,马航官方能在突发事件后很快查出 MH370 的乘客信息。

综上所述,办理登机牌的全过程可以被表达为经典的 MapReduce 图,这个图大致反映了并行 MapReduce 的流向,但没有描述归约的细节,如图 5.3 所示。

现在的互联网搜索引擎使用的倒排表机理大致如上,但数量增大若干数量级则相当于在上图中的乘客组有几千万而值机台(CPU)有 100 万个,且航班(倒排索引项)有几万甚至几十万。

这只是为了说明 MapReduce 机制而编的例子,真实的机场工作机制要复杂得多。

大数据中的 MapReduce 有下列要点。

① 目标:完成某一类计算,典型实例就是生成某个关键字上的倒排索引。

② 对象:PB 级的数据,例如来自云端、分布式文件系统的文档。

③ 并行处理,多个处理单元。

④ 有序:在机场、车站,当客户增加,仅增加服务台来做归约(reduce)常常不够有序,那么增加一个映射(map)机制,把被处理对象分配到处理单元是必不可少的环节。春运中人们便体会到了这一条。

⑤ 多层映射,多层归约:根据实际情况,归约也可以是多层次的。

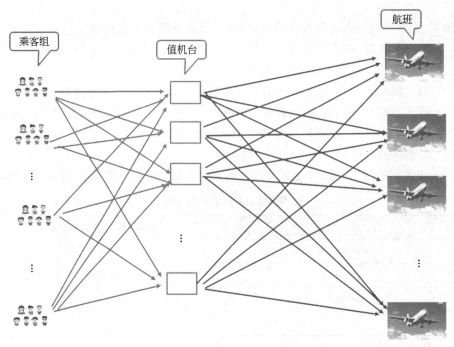

图 5.3 办理登机牌的全过程 MapReduce 图

5.3.3 相似性搜索工具

相似性搜索工具被用于识别与要匹配的一个或多个输入要素最相似(或最相异)的候选要素,相似性基于数值属性(感兴趣属性)的指定列表。如果指定了一个以上的要匹配的输入要素,那么相似性将基于每个感兴趣属性的平均值。输出要素类(输出要素)将包含要匹配的输入要素以及找到的所有匹配的候选要素,这些要素以相似程度排序(由最相似或最不相似参数指定),返回的匹配数基于结果数参数的值。

1. 可能的应用

可以用相似性搜索工具找出某城市在人口、教育以及临近特定娱乐机会方面相似的其他城市。

政府可能希望促进其城市的潜在业务,从而提高税收。相似性搜索工具有助于帮助政府找出与其城市相似的城市,以便他们可以找出自身比较有吸引力的属性(例如,低犯罪率和高成长率)。

政府也可能有兴趣查找比其城市大或小但位置相似的城市。找出与其城市相似但更小或更大且具有政府期望拥有的商业吸引力的地方,可以让政府指出相似性,同时可以强调小的优势(不拥堵、有小城镇韵味)或者大的好处(如更多顾客)。

政府还可能关注和其城市不相似的城市。如果任何不相似的地方表现出他们期望吸引的业务竞争优势,此分析可以为政府提供相对所需的信息。

人力资源经理可能希望能够证明公司的工资合理性。找出在大小、生活成本、市容建筑方面相似的城市后,他便可以查看这些城市的工资范围,从而查看他们是否在此行列。

犯罪分析师希望搜索数据库以查看某罪行是否属于较重犯罪形式或有重罪趋势。执法机构用此方法搜寻毒品种植地或生产地,标识具有相似特征的地方可能有助他们制定未来的搜索目标。

大型零售商不仅拥有数个成功店铺,也会有少数业绩不佳的店铺。找到一些具有相似人口特征和环境特征(交通便利性、知名度以及商业互补性等)的地方有助企业标识新店的最佳位置。

2. 匹配方法

匹配可基于属性值、等级属性值或属性剖面(余弦相似性)。对于所有方法,如果有一个以上要匹配的输入要素,则需要将这些要素的属性取平均值来创建复合目标要素,以将之用于匹配过程,复合目标要素如表 5.3 所示。

表 5.3　复合目标要素

要匹配的输入要素	感兴趣属性		
	人口/万	工作/%	失业率/%
A	100	50	2.5
B	105	40	2.6
用于匹配的复合目标要素	102.5	45	2.55

3. 最佳做法

1)制图相似性模式

如果将结果数参数设定为 0,工具软件将对所有候选要素进行分级排序。此分析的输出将显示相似性的空间模式。注意,在分级排序所有候选要素时,可以获取有关相似性和相异性的信息。显示相似性的空间模式如图 5.4 所示。

2)包括空间变量

假设已知道某濒危物种在某地(面区域)生存得很好,希望找到能让该物种茁壮成长的其他地方,也可能想寻找与物种成功存活环境相似的地方,但可能还需要这些地方足够大,以保证物种成活。

在此分析中,可以计算每个区域的紧凑性指标(一般紧凑性测量基于与圆圈区域具有相同周长的平面区域的面积)。运行相似性搜索工具时,可以将紧凑性测量和能够反映平面区域面积的属性追加到输出的字段参数中。就紧凑性和面积排列出前 10 个匹配解决方案,将有助于识别引入物种的最适宜位置。

另外,一些对扩大业务感兴趣的零售商如果已经拥有成功店铺,那么他们可以通过能反映成功关键特征的属性来查找扩大业务的候选位置。假设他们销售的产品对大学生较有吸引力,并且希望避免靠近现有店铺或远离竞争者。在运行相似性搜索工具之前,可以使用近邻分析工具创建空间变量:与大学或大学生密度较大处之间的距离、与现有店铺的距离以及与竞争者的距离。运行相似性搜索工具时,可以将这些空间变量包括在追加到输出的字段参数之中。

(a) "人以群分" 的基于用户的协同过滤   (b) "物以类聚" 的基于物品的协同过滤

图 5.4   显示相似性的空间模式

5.4   数据展现与交互

只有以简单直观的方式展现出来的数据计算结果才能最终为用户所理解和使用,形成有效的统计、分析、预测及决策,并被应用到生产实践和企业运营中。因此,大数据的展现技术以及与数据的交互技术在大数据全局中也占据重要的位置。

人脑对图形的理解和处理速度大大高于文字。因此,通过视觉化呈现数据比纯文字更能深入展现数据中潜在的或复杂的模式和关系。随着大数据的兴起,市面上涌现了很多新型的数据展现和交互方式,这些新型方式包括交互式图表、交互式地图等。交互式图表可以在网页上呈现数据,并支持交互,可以操作、控制图标、动画和演示。另外,交互式地图应用如谷歌地图可以动态标记、生成路线、叠加全景航拍图等,其开放的 API 接口可以和很多用户地图、基于位置的服务应用结合,因而获得了广泛的应用。一些图形化的工具也给网站数据可视化提供了很多种灵活的方式,从简单的线图、地质制图系统、测量仪系统到复杂的树图都有了大量设计优良的图表工具。

此外,3D 数字化渲染技术也被广泛地应用在很多领域,如数字城市、数字园区、模拟与仿真、设计制造等,具备很高的直观操作性。现代的 AR 技术可通过计算机技术将虚拟的信息应用到真实世界,使真实的环境和虚拟的物体实时地叠加到了同一个画面或空间同时存在,结合虚拟 3D 的数字模型和真实生活中的场景,为人们提供更好的现场感和互动性。

5.4.1   数据可视化

图灵奖得主 Jim Gray 在 2007 年提出了"以数据为基础的科学研究第四范式"的概念,其研究方法已经从"我应该设计什么样的实验来验证这个假设"逐渐发展为"从这些已知的数据中我能够看到什么相关性",而数据可视化是获取大数据价值的有效手段。

1. 什么是数据可视化

数据可视化是关于图形或图形格式的数据展示,其可在一个被关注的连贯而简短的报告中体现大量的信息。虽然数据可视化可以处理书面信息,但可视化的焦点往往是使用图片和图像信息传达给观众。

此外,数据可视化不仅涉及数据的使用。也可能是各种各样的可视化信息,例如,可以将想法与他人交流。如今,人们可以将各种技术应用到数据可视化,甚至是选择交互式的可视化方法。

视觉表达是一种古老的分享创意与体验的方法,其中图表和地图是一些早期数据可视化技术的重要例证。

2. 大数据分析是备受关注的技术趋势

人类已经使用数据可视化技术很长一段时间了,其中,图像和图表已被证明是一种进行新信息传达与教学的有效方法。有研究表明,80%的人能够记得他们所看到的,但只有20%的人能记得他们阅读的。数据可视化技术的发展进一步带给人们许多机遇。

也许使用数据可视化的好处是它能够帮助人们更快地理解数据,让人们可以在图表中突出显示一个大的数据量,并且让人们可以快速地发现关键点。而书面形式则可能需要人们花费数小时来分析所有的数据及相互之间的联系。

此外,这种展示巨量数据的能力是数据可视化的另一个优点。一张图表可能会突出显示一些不同的事项,人们可以在数据上形成不同的意见。这自然能为商业开辟新的途径,人们或许能从数据中发现一些意想不到的东西。

信息可视化囊括了数据可视化、信息图形化、知识可视化、科学可视化以及视觉设计方面的所有发展与进步。根据 ESM 国际电子商情针对大数据应用现状和趋势的调查可知,被调查者关注的大数据技术中,排在前 5 位的分别是大数据分析(12.91%)、云数据库(11.82%)、Hadoop(11.73%)、内存数据库(11.64%)和数据安全(9.21%)。

既然大数据分析是备受关注的技术趋势,那么大数据分析中的哪项功能是较重要的呢?研究发现,排在前 3 位的功能分别是实时分析(21.32%)、丰富的挖掘模型(17.97%)和可视化界面(15.91%)。企业对实时分析的需求激增成就了很多以实时分析为创新技术的大数据厂商。

从调查结果可以看出,企业在未来一两年中有迫切部署大数据的需求,并且已经从一开始的基础设施建设逐渐发展为对大数据分析和整体大数据解决方案的需求。

3. 数据可视化分析

数据可视化分析一般可以分为以下 5 种类型。

1) 原始数据分析

有时客户并不完全了解自己的数据,人员更替、平台迁移、数据遗失、没有专门的负责人去管理和维护数据都会造成数据的资源浪费。所以,须先从原始数据分析开始。

2) 营销数据分析

营销数据的重要性无须赘言,既要纬度多,又要分析深刻、结论明了,那么最好是既美观又能方便导出,还可以通过邮箱分享或者嵌入网页。营销数据分析如图 5.5 所示。

图 5.5　营销数据分析

3) 业务场景数据分析

把已有业务场景数据可视化是比较个性化的需求,一旦实现,从某种程度来说还能增加工作效率。一些例子表明,可视化有助于防范风险。

例如,银行客户订制了一套基于转账的可视化系统,若有人打款,系统就会从打款地发出一条光束到达收款地。管理层仔细观察一段时间后惊人地发现,在每天的同一时间段,有 100 多条光束会同时汇集落到同一地点,也就是说,100 多个账户对同一账户进行打款。最后经过查证这是不法行为,这就是通过数据可视化直观监测反洗钱的典型案例,此业务场景数据分析如图 5.6 所示。

4) 地理位置数据分析

一般的 LBS 场景往往将业务数据放置于地图中,让用户可以获取可视化的数据分析,并能自行上传位置数据。但是现在也有结合物联网需求的可视化地理位置分析,这是不是更有实感? 例如,位置的查找,详见图 5.7。

5) 用户画像

让商家去具体地了解用户的信息,做出判断并营销,以更美 App 为例,用户画像如图 5.8 所示。

4. 个性化精准推荐

下一波数字化淘金浪潮将会是利用数据来解决实际问题,而不仅是分析使用数据的行为。

在技术不到位、数据储备不足的情况下,个性化服务可能出力不讨好。理论上个性化

图 5.6　业务场景数据分析

图 5.7　地理位置数据分析

服务可以通过消除同质噪声的方式提高现有用户的满意度并发展新用户,利用长尾效应提高收益。

1）阅读推荐

阅读推荐渠道非常丰富,或通过关联社交账户,或通过搜索关注话题,或根据以往阅读文章推论,或根据关注对象等进行推荐。

2）商品推荐

根据浏览过的商品推荐,根据购买过的商品推荐,根据和你一样购买过的人推荐,虽说老套,但推荐准确度比较高。

图 5.8　更美 App 用户画像

3）社交图谱和兴趣图谱

把所有和用户有关的图谱都连在一起,在很多企业,社交图谱分析已经在反欺诈、影响力分析、舆情监测、市场细分、参与优化、体验优化以及其他需要快速确定复杂行为模式的领域成功应用。中国人的兴趣图谱如图 5.9 所示。

图 5.9　中国人的兴趣图谱

当用户看到这个东西是完完全全为他自己打造时,用户会更想知道,别人在看些什么,因为用户上网是为了融入这个世界。

5. 预测和预警

预测和预警无论是在商业或者是解决生活问题上都是有实际意义的,在初期,人们对预测和预警可达到的精准程度还是有一定担忧。

1）预测交通状况

监控提供的数据可以帮助用户追踪道路交通情况,可以推荐线路和预测目的地到达时间。这类预测的典型应用场景很多,如某路口出现交通拥堵,那么监控数据可以为交管部门提供预警依据,帮助交管部门做出紧急应对。

2）预测疾病

利用数据库中病例的病情发展记录进行预测。这种预测将基于患者的日常行为,力求在病情出现恶化之前就介入治疗。甚至有机构调查了一些拥有长寿者的家谱和基因里蕴含的生命信息。最后即使不能通过研究找到延长寿命的方法,但至少能通过研究提高老年群体的生活质量。

3）预测消费信誉

通过数据挖掘分析和机器学习技术对申请者提交的信息进行识别,并结合个人社交行为及海量互联网信息对个人信用进行在线评估。基于强大的数据基础可以很快地让用户得到信用额度,该额度可以用在各类金融和非金融服务领域。

6. 决策分析

决策分析的范围十分广泛,大到总金额无法计算的商业决策,小到站在包子铺门口的纠结,出门走哪条路,参加朋友婚礼穿什么衣服都属于决策分析,若是真有完美的决策分析,那它无疑是选择恐惧症患者的福音。

1）销售决策

例如,当消费者登录购物网站时,进行决策分析的系统会把这名消费者在网站上的行为和以前其他登录过该网站的消费者做对比,做出分析和预测,然后给出一份实时的建议:是应该向消费者抛出一个聊天信息、一个产品打折的报价、一个视频对话,还是打一个电话会比较好? 或者是什么都不做最好?

2）旅行决策

通过抓取海量数据,提取和分析关键字,建立评分体系,让用户不用看长篇攻略就能掌握核心信息,快速做出旅行决策。

5.4.2　知识图谱

知识图谱(knowledge graph)是当前大数据领域的研究热点。自从 2012 年谷歌公司推出第一版知识图谱以来,该技术就在学术界和工业界掀起了一股热潮。各大互联网企业在之后的短短一年内纷纷推出了自己的知识图谱产品以作为回应。例如,在国内,百度和搜狗分别推出“知心“和“知立方”来改进自身搜索质量。

1. 知识图谱的概念与表示

知识图谱本质上是语义网络,是一种基于图的数据结构,由结点(point)和边(edge)组成。在知识图谱里,每个结点都表示现实世界中存在的“实体”,每条边则为实体与实体之间的“关系”。知识图谱是关系较有效的表示方式。

通俗地讲,知识图谱就是把所有异质信息(heterogeneous information)连接在一起而得到的一个关系网络,其为人们提供了从"关系"的角度去分析问题的能力。

"知识图谱"概念最早由谷歌公司提出,主要是用来优化现有的搜索引擎。与基于关键词搜索的传统搜索引擎不同,知识图谱可用来更好地查询复杂的关联信息,从语义层面理解用户意图、改进搜索质量。例如,对于稍微复杂的搜索语句"谁是比尔•盖茨的母亲"(Who is the mother of Bill Gates),谷歌公司能准确返回玛丽•麦克斯韦尔•盖茨(Mary Maxwell Gates)。

图 5.10 通过知识图谱真正理解了用户的意图

本节提到的知识图谱都属于比较宽泛的范畴,主要用于在通用领域里解决搜索引擎优化和问答系统(question answering system)等方面的问题。接下来看一下特定领域(domain-specific)中知识图谱的表示方式和应用,这也是工业界比较关心的话题。

2. 知识图谱的应用

以下主要讨论知识图谱在互联网金融行业中的应用,当然,很多应用场景和想法都可以延伸到其他行业。这里提到的应用场景只是冰山一角。

知识图谱在金融行业比较典型的应用就是风控反欺诈,如图 5.11 所示。

(1)知识图谱可以检查信息的不一致性,确定是否存在借款人欺诈的风险,例如,借款人甲和乙都来自不同的公司,但是他们却非常诡异地留下了相同公司的电话号码,这时审核人员就要格外留意了,这有可能会存在欺诈的风险。

(2)组团欺诈。甲、乙、丙 3 个借款人同一天向银行发起借款,他们是互不相关的人,但是他们留了相同的地址,这有可能是组团欺诈。

(3)静态异常检测。它表示的是在某个时间点突然发现图中的某几个结点的联系异常紧密,原来是互相联系都比较少、比较松散的结点,突然间有了密集的联系,这有可能是欺诈组织。

(4)动态异常检测可能随时间的变化发现几个结点之间图的结构有了明显的变化,原来比较稳定的左边黑色的上三角、下三角,然后中间连线,但在一段时间之后,整个图的结构变成了右边这样的结构,此时很可能会出现欺诈组织。

(5)失联客户管理。如何去做失联客户管理?如图 5.11 中失联客户管理部分所示,

图 5.11　知识图谱的应用——风控反欺诈

有一个借款的用户,银行现在没有办法直接找到他,甚至通过他的直接联系人也不能找到他,那这时是不是可以再进一步地通过他的二度联系人来间接地找到他？通过这样的图结构可以快速联系到他的二度联系人,尝试将失联客户找到。

◈ 5.5　大数据应用案例:上海的房子都被谁买走了

在某天,学姐过来问:"最近股市风起云涌变幻莫测,我觉得还是投资固定资产比较靠谱。可是,我一个外地女生在上海买得起房吗？"

笔者问:"学姐你收入多少？我帮你算算吧。"

学姐说:"这也太隐私了,可不能随便告诉你,你就从整体上看一看吧。"

好吧。为了满足学姐这个毫无诚意的无理要求,笔者只好找出某房地产代理商提供的 2014 年 7 月到 2015 年 6 月上海一手房交易的抽样数据,样本数大约 1 万个,数据字段包括房屋价格和区位信息、购房者性别及脱敏后的身份证号(不包括姓名和末 4 位)等。

既然不掌握学姐的个人收入数据,那么只能从统计的角度看看:上海的房子都被谁买走了？

下面就从购房者的户籍来源、性别、星座和年龄 4 个角度进行分析。

1. 购房者来源:上海人 VS 新上海人

这里可以将身份证号以 310 开头的购房者定义为"土生土长的上海人",简称"上海人";将其他购房者,也就是原户籍不在上海、已在上海购房的人定义为"新上海人"。

从这一年的数据来看,购房者中上海人占比为 48.5%,低于新上海人的 51.5%。即上海有一半的房子被原籍意义上的"外地人"买走了。那么,新上海人都来自哪里呢？从数据中看到,各省在沪购房者人数呈现明显的以上海为中心向外递减的圈层结构,即距离上海越近的地区,来沪购房者越多。

按地域片区来看,在沪购房者人数呈现出"华东＞华中＞东北＞华北＞西北＞西南＞华南"的规律。而在华东地区,原籍江苏、安徽和浙江的购房者占据了新上海人总数的41.7％。

很明显,来沪购房的新上海人大多来自上海周边的城市。那么,是不是来自这些城市的新上海人更热衷于买上海的房子呢?

并不是。事实上,买房比例最高的居然是东北、华北和新疆,而在买房人数上占优的华东,买房比例反而是偏低的。总体来看结果如下。

新上海人买房比例前三名:天津、辽宁和内蒙古。

新上海人买房比例后三名:安徽、四川和贵州。

大概北方离上海较远,因此只有实力强大、内心坚定的北方人才会来上海发展,而且来了之后就抱着"扎根"的信念;与之相比,从华东来上海的人更多,但目的更多元,经济实力和个人能力差异也比较大,因此拉低了他们在上海购房的比例。

2. 购房者性别:男性 VS 女性

总体来看,最近一年的上海购房者中性别比为147:100。购房者中,上海人性别比为144:100,新上海人性别比为151:100。显而易见,上海的房子更多都被男性买走了。

全国大部分地区的购房者都以男性居多,在沿海地区更明显。

上海购房者性别比最高原籍省前三名:广东、山东和江苏。

上海购房者性别比最低原籍省前三名:新疆、海南和宁夏。

那么,男性买房比例是不是比女性更高呢?

还是用上文定义的购房指标分析,将购房性别比与总人口性别比进行比对,计算得到新上海人中男女购房指标分别为8.9和5.0。因此就上海而言,男性买房的比例远高于女性。

那么,这一差异有没有地域特征呢?

可以看到,全国大部分地区的男性在上海购房的比例都高于女性,且东部比西部差异更大。

新上海人买房男性指标最高前三名:天津、辽宁和内蒙古。

新上海人买房女性指标最高前三名:北京、宁夏和河北。

3. 购房者星座

接下来,笔者又统计了最近一年在沪购房者的星座,如图5.12所示。

可以看到,无论男女,天蝎、天秤和射手3个星座都稳居前三甲。

4. 购房者年龄

经计算得知,上海人的购房年龄平均为38～39岁,新上海人的购房年龄平均为35～36岁。也就是说,新上海人购房年龄比上海人要小3岁(注:未区分首套房和换房)。但如果把购房者分为上海男、上海女、新上海男和新上海女4个组并按空间圈层比较,会看

图 5.12　各星座在沪购房人数

到更加清晰的差异,如图 5.13 所示。

图 5.13　各圈层购房者年龄分布

　　可以看到,上海男和新上海男的年龄随空间圈层的变化趋势相同,且 3 岁的年龄差异稳定存在。但值得注意的是,市中心女性购房者年龄比男性要小,而郊区女性购房者年龄比男性要大。

　　上海的好房子都被谁买走?首先要明确,什么是"好房子"呢?——一千个人心中有一千个哈姆雷特。为了回答这个问题,不妨简单粗暴地认为位于市中心的就是好房子。

　　仍按照 4 组人购买的房子的区位进行统计,各圈层购房者比例分布如图 5.14 所示。

　　由图 5.14 可知,市中心(内环以内),购房比排序为上海女>新上海男>新上海女>上海男。

　　中心城区(外环以内),购房比排序为新上海男>上海男>新上海女>上海女。

　　简单地说,上海中心城区的新上海人比上海人更多,好房子大都被新上海人买走了。

图 5.14　各圈层购房者比例分布

　　造成这一现状的原因可能是从外地来到上海发展并买房成为新上海人的本身就拥有较强的个人能力或经济实力。上海人只能在上海买房,个人能力和经济实力参差不齐,因此在市中心和郊区都会买房(去其他地方发展的上海人数量很少,可忽略不计)。

　　为了印证这个猜想,这里又用新上海人购房的总价与其原籍省的人均 GDP 进行了比较,如图 5.15 所示。

图 5.15　原籍省人均 GDP 与购房者的房屋总价

　　由图可知,两者之间正相关的关系还是比较明显的。也就是说,买房的选择跟地区和家庭的经济实力有很大的关系。

　　再对性别进行比较,能够发现:从市中心向郊区,购房者性别比呈增加趋势,也就是说,女性买房比男性更靠近市中心。这一现象在新上海人中更为显著,如图 5.16 所示。

　　数据来源说明如下。

　　(1) 房屋销售和购房者数据来源于同策房产咨询。

图 5.16 各圈层购房者性别比

（2）其他数据来源于《2010 年上海市人口普查数据》《上海统计年鉴 2014》等。

◆ 习题与思考题

一、选择题

1. 下列（   ）不是大数据提供的用户交互方式。
   A. 统计分析和数据挖掘　　　　　　B. 任意查询和分析
   C. 图形化展示　　　　　　　　　　D. 企业报表

2. 关于大数据和互联网，以下（   ）说法是正确的。（多选题）
   A. 互联网的出现使监视变得更容易，成本更低廉也更有用处
   B. 大数据不管被如何运用都是人们合理决策过程中的有力武器
   C. 大数据的价值不再单纯来源于它的基本用途，而更多源于它的二次利用
   D. 大数据时代，很多数据在收集的时候并无意用作其他用途，但最终却产生了很多创新性的用途

3. 在网络爬虫的爬行策略中，应用较为基础的是（   ）。（多选题）
   A. 深度优先遍历策略　　　　　　　B. 广度优先遍历策略
   C. 高度优先遍历策略　　　　　　　D. 反向链接策略
   E. 大站优先策略

4. 可视化高维展示技术在展示数据之间的关系以及数据分析结果方面（   ）。（多选题）
   A. 能够直观反映成对数据之间的空间关系
   B. 能够直观反映多维数据之间的空间关系
   C. 能够静态演化事物的变化及变化的规律

    D. 能够动态演化事物的变化及变化的规律

    E. 提供高性能并行计算技术的强力支撑

5. 通过(　　)和展示数据背后的(　　　),运用丰富的、具有互动性的可视化手段,数据新闻学成为新闻学的新分支进入主流媒体,即用数据报道新闻。

    A. 数据收集　　　　　B. 数据挖掘　　　　　C. 真相　　　　　D. 关联与模式

6. 在知识图谱体系中,(　　)是属于应用层的。(多选题)

    A. 语言搜索　　　　　B. 智能问答　　　　　C. 辅助决策　　　　　D. 结构化数据

二、问答题

1. 比较数据库技术与信息检索技术。

2. 解释 Web 搜索引擎的工作原理。

3. 大数据索引和查询是如何进行的?

4. 概述数据可视化的定义与应用。

5. 概述知识图谱的概念和应用。

第6章

大数据分析与数据挖掘

◆ 6.1 大数据分析及其应用

6.1.1 数据处理和分析的发展

1. 传统方式的数据处理和分析

在传统的数据处理方式上,为了特定分析目的进行的数据处理都基于静态模式。通过常规的业务流程,企业以 CRM、ERP 和财务系统等应用程序创建基于稳定数据模型的结构化数据。

数据集成工具能够将数据从企业应用程序和事务型数据库中提取、转换和加载到一个临时区域,在这个临时区域进行质量检查和标准化,最终将数据模式化到整齐的行和表。这种模式化和清洗过的数据将被加载到企业级数据仓库。这个过程会周期性发生,如每天或每周,有时会更频繁。

在传统的数据仓库中,数据仓库管理员将创建计划,定期计算仓库中的标准化数据,并将产生的报告分配到各业务部门。他们还为企业管理者创建仪表板和其他功能有限的可视化工具。

同时,业务分析师利用数据分析工具在数据仓库进行高级分析,或者因数据量的限制而将样本数据导入到本地数据库中。非专业用户通过前端的商业智能工具对数据仓库进行基础的数据可视化和有限分析。传统数据仓库的数据量很少超过几太字节,因为大容量的数据会占用数据仓库资源并降低性能。以上具体数据处理和分析资料如图 6.1 所示。

2. 大数据处理和分析的新方法

现今存在多种处理和分析大数据的方法,但多数方法都存在共同特点,即利用硬件的优势,使用扩展的、并行的处理技术,采用非关系数据存储技术处理非结构化和半结构化数据,并对大数据运用高级分析和数据可视化技术,向终端用户传达见解。

在大数据的数据挖掘分析领域中,常用的 4 种数据分析方法是描述型分析、诊断型分析、预测型分析和指令型分析。

图 6.1　传统的数据处理和分析资料

（1）描述型分析：发生了什么？

描述型分析是常见的分析方法。在业务中，描述型分析向数据分析师提供了重要指标和业务的衡量方法。

例如，每月的营收和损失账单。数据分析师可以通过这些账单获取大量的客户数据，了解客户的地理信息就是描述型分析方法之一。

利用可视化工具，人们能够有效地增强描述型分析所提供的信息。如"各产品销售量统计表预警图"可以明确地展示哪些商品的销售达到了销售量预期。

（2）诊断型分析：为什么会发生？

描述型分析的下一步就是诊断型分析。通过评估描述型数据，诊断分析工具能够让数据分析师深入地分析数据，挖掘到数据的核心。良好设计的商业智能数据可视化软件能够对数据进行整合：按照时间序列进行数据读入、特征过滤和数据挖掘等功能，以便更好地分析数据。例如，"销售控制台"数据可视化图形可以分析出"区域销售构成""客户分布情况""产品类别构成"和"预算完成情况"等信息。

（3）预测型分析：可能发生什么？

预测型分析主要用于预测，预测事件未来发生的可能性、一个可量化的值，或者是事情发生的时间点。这些预测模型通常会依赖各种可变数据，数据成员的多样化与预测结果密切相关。在充满不确定性的环境下，预测能够帮助人们做出更好的决定。

预测型分析也是很多领域正在使用的重要方法。例如，从"销售额和销售量"图形中，可以分析出全面的销售量和销售额基本呈上升趋势，借此可推断未来的基本销售趋势。

（4）指令型分析：需要做什么？

指令模型基于对"发生了什么""为什么会发生"和"可能发生什么"的分析，帮助用户决定应该采取的措施。

通常情况下，指令型分析不能被单独使用，而是最后需要完成的分析方法。例如，交通规划需要分析考察每条路线的距离、每条线路的行驶速度以及目前的交通管制等方面因素，可以帮助人们选择最好的路线。

6.1.2　大数据分析面对的数据类型

要想清楚地区分大数据分析和其他形式的分析，可以先了解要分析的数据有多大的数据量、数据规模如何以及数据是否呈多样性。

在过去，大数据分析通常是从非常大的数据库中提取样本数据集，建立分析模型，然后通过测试再调整的过程加以改进。现在，随着计算平台能够提供更多可扩展的存储和计算能力，可分析的数据量几乎不再受任何限制。这意味着，实时预测性分析和访问大量正确的数据可以帮助企业改善业绩，这样的机会取决于企业能否整合和分析不同类型的大数据。以下 4 大类数据就是大数据要分析的数据类型。

1. 交易数据

大数据平台能够获取跨度时间更大、更海量的结构化交易数据，这样就可以对更广泛的交易数据类型进行分析，不仅包括销售终端 POS 机或电子商务购物数据，还包括行为交易数据等，例如，Web 网络服务器记录的互联网流数据日志。

2. 人为数据

人为数据广泛存在于电子邮件、文档、图像、音频、视频以及通过博客、维基百科，尤其是社交媒体产生的数据流。这些数据为文本分析提供了丰富的数据源。

3. 移动数据

智能手机和平板电脑越来越普遍。这些移动设备上的 App 多数都能够追踪各种事件，从 App 内的交易数据（如搜索产品的记录事件）到个人信息资料或状态报告事件（如地理位置变更时报告一个新的地理编码）都属于移动数据。

4. 机器和传感器数据

机器和传感器数据包括功能设备，如智能电表、智能温度控制器、工厂机器和连接互联网的家用电器创建或生成的数据。这些设备可以与互联网中的其他结点通信，还可以自动向中央服务器发送数据。机器和传感器数据是从物联网产生的来自物联网的数据可以用于构建分析模型、连续监测预测性行为（如当传感器值表示有问题时进行识别）、提供规定的指令（如警示技术人员在真正出问题之前检查设备）等。

6.1.3 大数据分析与处理方法

越来越多的应用涉及大数据,这些大数据的属性,包括数量、速度和多样性等都呈现了不断增长的复杂性,所以,大数据的分析方法就显得尤为重要,可以说是最终信息价值的决定性因素。基于此,大数据分析包括以下5方面内容。

1. 预测性分析能力

数据挖掘可以让分析员更好地理解数据,而预测性分析可以让分析员根据可视化分析和数据挖掘的结果做出一些预测性的判断。

2. 数据质量和数据管理

数据质量和数据管理是管理方面的最佳实践。通过标准化的流程和工具对数据进行处理,可以保证高质量的分析结果。

3. 可视化分析

不管是对数据分析专家还是普通用户,数据可视化都是数据分析工具基本的要求。可视化可以直观地展示数据,让数据自己说话,让观众看到结果。

4. 语义引擎

由于非结构化数据的多样性带来的新挑战,人们需要一系列的工具解析、提取和分析数据,而语义引擎需要被设计成能够从文档中智能提取信息的工具。

5. 数据挖掘算法

可视化是给人看的,数据挖掘是给机器看的。集群、分割和孤立点分析及其他的算法让人们深入数据内部挖掘价值。这些算法不仅要处理大数据的量,还要提升处理大数据的速度。

6.1.4 数据分析的步骤

1. 数据分析的目的

数据分析的目的就是把看似杂乱无章的数据背后的信息集中和提炼出来,总结出研究对象的内在规律。

2. 数据分析的作用

数据分析主要有三大作用:描述性分析、探索性分析和验证性分析,如图6.2所示。

图6.2 数据分析的三大作用

3. 数据分析的六部曲

数据分析流程主要分为 6 个步骤,如图 6.3 所示。

图 6.3　数据分析流程的 6 个步骤

1)明确分析目的和内容

梳理分析思路并搭建分析框架,把分析目的分解成若干要点,即"如何具体开展数据分析""需要从哪几个角度进行分析""采用哪些分析指标"。同时,确保分析框架的体系化和逻辑性。

2)采集数据

一般数据来源于 4 种渠道:数据库、第三方数据统计工具、专业调研机构的统计年鉴或报告、市场调查。

数据采集需要预先做"埋点",即针对特定用户行为或事件进行捕获、处理和发送的相关技术及实施过程。在发布前一定要经过谨慎的校验和测试,避免因版本已发布而数据采集无效导致的无法获取所需数据的问题。

3)处理数据

数据处理主要包括清洗数据、转化数据、提取数据和计算数据等,其可将各种原始数据加工成为产品经理需要的、直观的可视数据。

4)分析数据

数据分析是用适当的分析方法及工具从数据中提取有价值的信息,形成有效结论的过程。

5)展现数据

一般情况下,数据是通过表格和图形的方式来呈现的。常用的数据图表包括饼图、柱形图、条形图、折线图、气泡图、散点图和雷达图等。进一步将之加工整理即可变成人们需要的图形,如金字塔图、矩阵图、漏斗图和帕累托图等,如图 6.4 所示。

一般能用图说明问题就不用表格,能用表格说明问题就不用文字。

6)撰写报告

一份好的数据分析报告首先需要有一个好的分析框架,并且图文并茂、层次明晰,能让阅读者一目了然。结构清晰、主次分明的内容可以使阅读者正确理解报告;图文并茂可

图 6.4　数据展现的图表

以令数据更加生动活泼,提高视觉冲击力,有助于阅读者更形象、直观地看清楚问题并产生思考,从而得出结论。

好的数据分析报告需要有明确的结论、建议或解决方案。

4. 数据分析的四大误区

(1) 分析目的不明确,为了分析而分析。

(2) 缺乏对行业、企业业务的清晰认知,分析结果偏离实际。数据必须和业务紧密结合才有意义,要摸清产业链的结构,对行业的上下游经营情况有足够的了解,再根据业务需要制订发展计划,才能归类出需要整理的数据。同时,熟悉业务才能看到数据背后隐藏的信息。

(3) 为了方法而方法,为了工具而工具,能解决问题的方法和工具就是好的方法和工具。

(4) 数据本身是客观的,但被解读出来的数据是主观的。同样的数据由不同的人分析很可能得出完全相反的结论,所以不带个人观点的分析才能得出客观的结果。

6.1.5　大数据分析的应用

1. 大数据分析应用场景

1) 客户分析

客户分析包括分析客户的信息资料、行为和特点以及开发模型,对客户进行细分、预测流失以及提供帮助挽留客户的下一个最佳报价。

2) 营销分析

有两种营销用例。一种是用营销模型改进面向客户的应用程序,更好地向客户提供推荐,例如,更好地识别交叉销售和追加销售机会,减少被放弃的购物意愿,总体提升集成推荐引擎的准确性;另一种则更加具有反思性,因为它能够展示营销部门销售过程和活动的表现,并建议进行调整,以优化绩效,例如,分析哪个活动解决了确定群体的需求,或激励活动付诸行动的成功率。

3) 社交媒体分析

通过不同社交媒体渠道生成的内容为分析客户情感和舆情监督提供丰富的资料。

4) 网络安全

大规模网络安全事件(如对 Target、索尼的网络攻击)的发生让企业逐渐意识到快速识别网络风险的重要性。识别潜在的攻击包括建立分析模型、监测大量网络活动数据和相应的访问行为,以识别可能的入侵模式。

5) 设备管理

随着越来越多的设备能够与互联网连接,企业能够收集和分析的传感器数据流包括连续用电、温度、湿度和污染物颗粒等无数潜在变量。大数据分析模型还可以预测设备故障、安排预防性的维护,以确保项目正常进行。

6) 管道管理

越来越多的能源管道被设计为具有传感器和通信功能。连续的传感器数据可以被用来分析运行状态和周边环境,以确保稳定性和可维护性。

7) 供应链和渠道分析

通过对仓库库存、POS 交易和多种渠道的运输(如陆运和海运)进行分析,可建立预测分析模型,有效帮助企业预先补货、制定库存管理策略、管理物流以及防范风险。

8) 价格优化

零售商希望最大限度提高产品销售的整体盈利,建立分析模型可以结合不同种类的数据流(包括竞争对手的价格、跨地域的销售交易数据)以查看需求,管理生产、库存和供应链的信息。这样的模型可以帮助企业动态地调整产品价格:在供不应求或竞争对手缺货时提高价格;当因季节变化需清理库存时降低价格。

9) 欺诈行为检测

身份盗用事件发生数量不断增长,随之而来的是欺诈行为和交易的发生数量不断增长。金融机构可以使用大数据技术对上亿条的交易数据进行分析,以识别欺诈行为模式。这样的分析模型还可以在潜在欺诈交易可能发生时向用户发送警示。

所有这些应用场景都具有相似的特点,即分析涉及结构化和非结构化数据,被访问的数据或数据流来自不同数据源,以及数据量可能巨大。

2. 大数据分析技术

让大数据分析技术如此引人注目的部分原因是,大数据分析技术可以让企业找到问题的答案,而在此之前这些企业甚至不知道问题是什么。这可能会使企业人员产生引出新产品的想法,或者帮助确定改善运营效率的方法。无论是互联网巨头如谷歌、脸书和领英,还是更多的传统企业都会用一些明确的大数据用例,这些大数据用例如下。

1) 推荐引擎

在线零售商可以根据用户的个人资料和行为数据匹配和推荐其他用户、产品和服务。

领英使用此方法增强"你可能认识的人"这一功能,而亚马逊则利用该方法为消费者推荐相关产品。

2) 情感分析

与先进的文本分析工具结合,分析社会化媒体和社交网络发布的非结构化文本,如推特和脸书便以此确定用户对特定企业、品牌或产品的情绪。情感分析可以专注于宏观层面的情绪,也可以细化为对个人用户的情绪。

3) 风险建模

金融企业使用下一代数据仓库分析交易数据,以确定金融资产的风险,模拟市场行为,为潜在的假设方案做准备,并根据风险为潜在客户打分。

4) 欺诈检测

金融和零售行业等使用大数据技术将客户行为与历史交易数据结合起来,检测欺诈行为。例如,银行使用大数据技术识别可能被盗刷的交易行为。

5) 营销活动分析

各行业的营销部门长期使用技术手段监测和确定营销活动的有效性。大数据技术让营销团队拥有更大量的、越来越精细的数据,如单击流数据和呼叫详情记录数据等,以此可以提高分析的准确性。

6) 客户流失分析

企业可以使用大数据技术分析客户行为数据并确定分析模型,该模型将指出哪些客户最有可能流向存在竞争关系的供应商或服务商,然后企业就能采取最有效的措施挽留这些客户。

7) 社交图谱分析

与下一代数据仓库结合,通过挖掘社交网络数据可以确定社交网络中哪些客户能对其他客户产生最大的影响力。这有助于企业确定其最重要的客户,不是那些购买最多产品或花掉最多钱的客户,而是那些最能够影响他人购买行为的客户。

8) 用户体验分析

面向消费者的企业可以使用大数据技术将之前单一客户互动渠道(如呼叫中心、网上聊天和微博等)数据整合在一起,以获得对客户体验的完整视图。这将使企业能够了解客户交互渠道之间的相互影响,从而优化客户整个体验周期。

9) 网络监控

大数据分析技术可以被用来获取、分析和显示来自服务器、存储设备和其他 IT 硬件的数据,使管理员能够监视网络活动,诊断瓶颈。这种类型的分析也可被应用到交通网络,以提高燃料效率,当然也可以应用到其他网络。

10) 研究与发展

有些企业(如制药商)需要进行大量文本及历史数据的研究,以协助新产品的开发。

当然,上述这些都只是大数据用例的举例。事实上,在所有企业应用中大数据最引人注目的用例可能尚未被人们发现,这就是大数据的希望。

◈ 6.2　数据挖掘技术

数据挖掘(data mining，DM)又被称为数据库中的知识发现(knowledge discover in database，KDD)，是目前人工智能和数据库领域研究的热点问题。数据挖掘是一种决策支持过程，它主要基于人工智能、机器学习、模式识别、统计学、数据库和可视化技术等，可以高度自动化地分析企业的数据，做出归纳性的推理，从中挖掘出潜在的模式，帮助决策者调整市场策略、减少风险，做出正确的决策。

6.2.1　数据挖掘的定义

1. 技术上的定义及含义

数据挖掘就是从大量的、不完全的、有噪声的、模糊的、随机的实际应用数据中，提取隐含在其中的、人们事先不知道但又是潜在有用的信息和知识的过程。这个定义包括几层含义：数据源必须是真实的、大量的、含噪声的；发现的是用户感兴趣的知识；发现的知识对用户而言要可接受、可理解、可运用；并不要求发现放之四海皆准的知识，仅需要支持特定的发现问题。

从广义上理解，数据、信息也是知识的表现形式，但是人们也把概念、规则、模式、规律和约束等看作知识。人们把数据看作形成知识的源泉，好像从矿石中采矿或淘金一样。原始数据可以是结构化的，如关系数据库中的数据；也可以是半结构化的，如文本、图形和图像数据；甚至是分布在网络上的异构型数据。发现知识的方法可以是数学的，也可以是非数学的；可以是演绎的，也可以是归纳的。发现的知识可以被用于信息管理、查询优化、决策支持和过程控制等，还可以被用于对数据自身的维护。

因此，数据挖掘是一门交叉学科，它把人们对数据的应用从低层次的简单查询提升到从数据中挖掘知识和提供决策支持。在这种需求牵引下，数据挖掘汇聚了不同领域的研究者，尤其是数据库技术、人工智能技术、数理统计、可视化技术和并行计算等方面的学者及工程技术人员，他们投身到数据挖掘这一新兴的研究领域，服务于这一新的技术热点。

2. 商业角度的定义

数据挖掘是一种新的商业信息处理技术，其主要特点是对商业数据库中的大量业务数据进行抽取、转换、分析和其他模型化处理，从中提取辅助商业决策的关键性知识。

简言之，数据挖掘其实是一类深层次的数据分析方法。数据分析本身已经有很多年的历史，只不过过去数据采集和分析的目的是用于科学研究，另外，由于当时计算能力的限制，复杂数据的分析方法往往受到很大限制。

现在，由于各行业实现业务自动化，商业领域产生了大量的业务数据，这些数据不再是为了分析目的而收集，而是由于纯机会的商业运作而产生。分析这些数据也不再是单纯为了研究，更主要是为商业决策提供真正有价值的知识，进而获得利润。

所有企业面临的一个共同问题：企业数据量非常大，而其中真正有价值的信息却很少,因此对大量的数据进行深层分析,获得有利于商业运作、提高竞争力的信息,就像从矿石中淘金一样,数据挖掘也因此而得名。

因此,数据挖掘可以被描述为:按企业既定业务目标对大量的企业数据进行探索和分析,揭示隐藏的、未知的或验证已知的规律性,并进一步将其模型化为先进有效的方法。基于数据仓库的数据挖掘如图 6.5 所示。

图 6.5　基于数据仓库的数据挖掘

6.2.2　利用数据挖掘进行数据分析的常用方法

利用数据挖掘进行数据分析常用的方法主要有分类、回归分析、聚类分析、关联规则、特征分析、变化和偏差分析、Web 页挖掘等,它们可以分别从不同的角度对数据进行挖掘。

1. 分类

分类是找出数据库中一组数据对象的共同特点并按照指定模式将其划分为不同的类,其目的是通过分类模型将数据库中的数据项映射到某个给定的类别。它可以被应用到客户的分类、属性和特征分析、满意度分析和购买趋势预测等方面,如一个汽车零售商将客户按照对汽车的喜好划分成不同的类,这样营销人员就可以将新型汽车的广告手册直接邮寄到有这种喜好的客户手中,从而大大增加商业机会。

2. 回归分析

回归分析方法反映的是事务数据库中属性值在时间上的特征,产生将数据项映射到一个实值预测变量的函数,发现变量或属性间的依赖关系,其主要研究问题包括数据序列的趋势特征、预测以及数据间的关系等。它可以被应用到市场营销的各个方面,如发现潜在客户、保持和预防客户流失、分析产品生命周期、预测销售趋势及有针对性的促销活动等。

3. 聚类分析

聚类分析是把一组数据按照相似性和差异性分为几个类别,其目的是使属于同一类别的数据间的相似性尽可能大,不同类别数据间的相似性尽可能小。它可以应用到客户群体的分类、客户背景分析、客户购买趋势预测和市场的细分等。

4. 关联规则

关联规则是描述数据库中数据项之间所存在的关系的规则,根据一个事务中某些项的出现,可推导出另一些项在同一事务中也出现,即隐藏在数据间的关联关系。在客户关系管理中,通过对企业的客户数据库中大量数据进行挖掘,可以从这些记录中发现有趣的关系,找出影响市场营销效果的关键因素,为产品定位、定价与目标客户群,寻求、细分与维持客户,市场营销与推销,营销风险评估和诈骗预测等决策支持提供参考依据。

5. 特征分析

特征分析是从数据库中的一组数据中提取特征式的分析方法,这些特征式表达了该数据集的总体特征。例如,营销人员通过对客户流失因素的特征提取可以得到导致客户流失的一系列原因和主要特征,利用这些特征可以有效地预防客户的流失。

6. 变化和偏差分析

变化和偏差分析包括很大一类潜在的、有趣的知识,如分类中的反常实例、模式中的例外、观察结果对期望的偏差等,其目的是寻找观察结果与参照量之间有意义的差别。在企业危机管理及其预警中,管理者更感兴趣的就是那些意外规则。挖掘的意外规则可以被应用到各种异常信息的发现、分析、识别、评价和预警等方面。

7. Web 页挖掘

随着 Internet 的迅速发展及 Web 的全球普及,Web 的信息量无比丰富,通过对 Web 的挖掘,人们可以利用 Web 的海量数据进行分析,收集政治、经济、政策、科技、金融等领域以及各种市场、竞争对手、供求信息和客户等有关的信息,集中精力分析和处理那些对企业有重大或潜在重大影响的外部环境信息和内部经营信息,并根据分析结果找出企业管理过程中出现的各种问题和可能引起危机的先兆,对这些信息进行分析和处理,以便识别、分析、评价和管理危机。

6.2.3　数据挖掘的功能

数据挖掘通过预测未来趋势及行为可以做出前摄的、基于知识的决策。数据挖掘的目标是从数据库中发现隐含的、有意义的知识,主要有以下 5 类功能。

1. 自动预测趋势和行为

数据挖掘可以自动在大型数据库中寻找预测性信息,以往需要大量手工分析的问题如今可以直接由数据本身得出结论。一个典型的例子是市场预测问题,数据挖掘可使用过去有关促销的数据来预测未来投资中回报最大的用户,其他可预测的问题包括预报破产以及认定对指定事件最可能做出反应的群体。

2. 关联分析

数据关联是数据库中存在的一类重要的、可被发现的知识。若两个或多个变量的取值之间存在某种规律性,其就可被称为关联。关联可分为简单关联、时序关联和因果关联,关联分析的目的是找出数据库中隐藏的关联网。人们有时并不知道数据库中数据的关联函数,即使知道也无法确定,因此关联分析生成的规则带有可信度。

3. 聚类

数据库中的记录可被划分为一系列有意义的子集,即聚类。聚类增强了人们对客观现实的认识,是概念描述和偏差分析的先决条件。聚类技术主要包括传统的模式识别方法和数学分类学。聚类技术的要点是,在划分对象时不仅考虑对象之间的距离,还要求划分出的类具有某种内涵描述,从而避免传统技术的某些片面性。

4. 概念描述

概念描述就是对某类对象的内涵进行描述,并概括这类对象的特征。概念描述分为特征性描述和区别性描述,前者描述某类对象的共同特征,后者描述非同类对象之间的区别。生成一个类的特征性描述只需涉及该类对象中所有对象的共性;生成区别性描述的方法很多,如决策树方法和遗传算法等。

5. 偏差检测

数据库中的数据常有一些偏差,从数据库中检测这些偏差很有意义。偏差包括很多潜在的知识,如分类中的反常实例、不满足规则的特例、观测结果与模型预测值的偏差、量值随时间的变化等。偏差检测的基本方法是寻找观测结果与参照值之间有意义的差别。

6.2.4 数据挖掘的流程

1. 数据挖掘环境

数据挖掘是一个完整的过程,该过程包括从大型数据库中挖掘先前未知的、有效的、可实用的信息,并使用这些信息做出决策或获取知识。

2. 数据挖掘过程

典型数据挖掘系统的过程如图 6.6 所示。

图 6.6 典型数据挖掘系统的过程

数据挖掘过程中各步骤的大体内容如下。

（1）确定业务对象。清晰地定义业务问题、认清数据挖掘的目的是数据挖掘的重要一步。挖掘的最后结构是不可预测的,但要探索的问题应是有预见的,盲目的数据挖掘是不会成功的。

（2）准备数据。首先,选择数据,搜索所有与业务对象有关的内部和外部数据信息,并从中选择适用于数据挖掘应用的数据。其次,进行数据的预处理,研究数据的质量,为进一步的分析做准备,并确定将要进行的挖掘类型。最后,进行数据的转换,将数据转换成一个分析模型。这个分析模型是针对挖掘算法建立的,而建立一个真正适合挖掘算法的分析模型是数据挖掘成功的关键。

（3）挖掘数据。对所得到的、经过转换的数据进行挖掘,除了完善和选择合适的挖掘算法外,其余一切工作都能由工具自动地完成。

（4）表达和解释结果。解释并评估结果,其使用的分析方法一般应根据数据挖掘操作而定,通常会用到可视化技术。

（5）知识的同化。将分析所得的知识集成到业务信息系统的组织结构中。

3. 数据挖掘过程的工作量

在数据挖掘中,被研究的业务对象是整个过程的基础,它驱动了数据挖掘过程,也是检验最后结果和指引分析人员完成数据挖掘的依据。各步骤是按一定顺序完成的,当然整个过程中还会存在步骤间的反馈。数据挖掘的过程并不是自动的,大多数工作需要人工完成。至于各步骤在整个过程中的工作量的比例,60%的时间将被用在数据准备上,这说明了数据挖掘对数据的严格要求,而直接的挖掘工作仅占总工作量的 10%。

4. 数据挖掘需要的人员

数据挖掘过程应分步实现,不同的步骤需要不同专长的人员,他们大致分为 3 类。

(1) 业务分析人员。要求精通业务分析技术,能够解释业务对象,并根据各业务对象确定出用于数据定义和挖掘算法的业务需求。

(2) 数据分析人员。精通数据分析技术,并能熟练掌握统计学相关知识,有能力把业务需求转化为数据挖掘的各步操作,并为每步操作选择合适的技术。

(3) 数据管理人员。精通数据管理技术,并善于从数据库或数据仓库中收集数据。

综上可见,数据挖掘是一个多学科专家合作的过程,也是一个需要投入大量资金和技术的过程。这一过程要反复进行,并在反复过程中不断地趋近事物的本质、优化问题的解决方案,进行数据重组和细分、添加和拆分记录、选取数据样本、可视化数据、探索聚类、分析神经网络、决策树数理统计、时间序列结论、综合解释评价数据、知识数据取样、探索、调整数据和模型化评价。

6.2.5 数据挖掘的应用

1. 数据挖掘解决的典型商业问题

需强调,数据挖掘技术从一开始就是面向应用的。目前,在很多领域,数据挖掘都是一个很时髦的词,尤其是在银行、电信、保险、交通和零售(如超市)等商业领域。数据挖掘所能解决的典型商业问题包括数据库营销、客户群体划分、背景分析和交叉销售、客户流失性分析、客户信用记分、欺诈发现和故障诊断等。

2. 数据挖掘在市场营销中的应用

数据挖掘技术在市场营销中得到了比较普遍的应用,它以市场营销学的市场细分原理为基础,其基本假定是"消费者过去的行为是其今后消费倾向的最好说明"。

通过收集、加工和处理涉及消费者消费行为的大量信息可以确定特定消费群体或个体的兴趣、消费习惯、消费倾向和消费需求,进而推断出相应消费群体或个体下一步的消费行为,然后以此为基础,人们能够对所识别出来的消费群体进行定向营销,这与传统的不区分消费者对象特征的大规模营销手段相比大大节省了营销成本,提高了营销效果,从而为企业带来更多利润。

3. 案例——信用卡消费的数据挖掘

商业消费信息来自市场中的各种渠道。例如,每当用户用信用卡消费时,商业企业就可以在信用卡结算过程中收集商业消费信息,记录下人们进行消费的时间、地点、感兴趣的商品或服务、愿意接受的价格水平和支付能力等数据;当人们在申办信用卡、办理汽车驾驶执照、填写商品保修单等其他需要填写表格时,个人信息就被存入了相应的业务数据库;企业除了自行收集相关业务信息之外,甚至可以从其他公司或机构购买此类信息为自己所用。

这些来自各种渠道的数据信息被组合,应用超级计算机、并行处理、神经元网络、模型化算法和其他信息处理技术手段进行处理,商家可以从中得到用于向特定消费群体或个体进行营销的决策信息。

举一个简单的例子,当银行对业务数据进行挖掘后,发现一个银行账户持有者突然要求申请双人联合账户,并且确认该消费者是第一次申请联合账户,那么银行会推断该用户可能要结婚了,银行就会向该用户定向推销用于购买住宅、支付子女学费等长期投资的业务。因此,数据挖掘可构筑企业竞争优势。

◆ 6.3 　商业智能与数据分析

6.3.1 　商业智能技术辅助决策的发展

商业智能通常被理解为将企业中现有的数据转化为知识,帮助企业做出明智的业务经营决策的工具。这里所谈的数据包括来自企业业务系统的订单、库存、交易账目、客户和供应商等来自企业所处行业和竞争对手的数据以及来自其他外部环境中的各种数据。商业智能能够辅助的业务经营决策既可以是操作层的,也可以是战术层和战略层的决策。

将数据转换为知识需要利用数据仓库(data warehouse,DW)、联机事务处理(on line transaction processing,OLTP)和数据挖掘等技术。因此,从技术层面上讲,商业智能不是新技术,它只是数据仓库、联机分析处理和数据挖掘等技术的综合运用。

可以认为,商业智能是对商业信息的搜集、管理和分析过程,目的是使企业的各级决策者获得知识或洞察力,促使他们做出对企业更有利的决策。商业智能一般由数据仓库、联机分析处理、数据挖掘、数据备份和恢复等部分组成,其具体实现涉及软件、硬件、咨询服务及应用。

6.3.2 　商业智能系统架构

从系统的观点来看,商业智能的过程包括:从不同的数据源收集的数据中提取有用的数据,对数据进行清理以保证数据的正确性,将数据经转换、重构后存入数据仓库(这时数据变为信息),然后寻找合适的查询和分析工具、数据挖掘工具、OLAP 工具对信息进行处理(这时信息变为辅助决策的知识),最后将知识呈现于用户面前,将知识转变为决策。商业智能系统架构如图 6.7 所示。

可以看出,商业智能最大限度地利用了企业资源计划(enterprise resource planning,ERP)中的数据,将数据整理为信息,再升华为知识,对用户提供了最大程度的支持。

6.3.3 　商业智能的技术体系

商业智能的技术体系主要由数据仓库、在线分析处理以及数据挖掘 3 部分组成。

1. 数据仓库

为了有效地进行营销管理,企业往往需要将各地的数据汇总到总部,并建立一个庞大

图 6.7　商业智能系统架构

的数据仓库。这种数据仓库不但能够保存历史数据、阶段性数据并从时间上进行分析,而且能够加载外部数据,接受大量的外部查询。

建立数据仓库的过程一般包括清洗、抽取数据,统一数据格式,设定自动程序以定时抽取操作数据并自动更新数据仓库,预先执行合计计算等步骤。

快速、简单、易用的查询和报告工具能够帮助管理者充分利用企业中不同层次的数据,获取所需要的特定信息,并以合理的格式加以显示。同时,优秀的工具可以支持多种网络环境,允许用户在客户机/服务器网络、内部网络或 Internet 传输分析结果。它们还应该有足够的灵活性,以支持各种类型的查询和报告需求,从简单的订阅、周期性的报告到使用 SQL 和其他查询语言进行随机查询。

2. 在线分析处理

在线分析处理是一种高度交互式的过程,信息分析专家可以即时进行反复分析,迅速获得结果。在线分析处理同时也是对存储在多维数据库或关系数据库系统中的数据进行分析、处理的过程。这种分析可以是多维在线分析处理、关系在线分析处理,也可以是混合在线分析处理。

这一过程一般包括 3 种可供选择的方案。

(1) 预先计算: 小结数据在被使用前进行计算并存储。

(2) 即时计算和存储: 小结数据在被查询时计算,然后存储结果。因为消除了相应的运行计算,其可使随后的查询运行变得更快。

(3) 随时计算: 用户在需要时对小结数据进行计算。

3. 数据挖掘

数据挖掘是从浩瀚如海的数据和文档中发现以前未知的、可以理解的信息过程。由于数据挖掘的价值在于扫描数据仓库或建立非常复杂的查询,故数据和文本挖掘工具必须能提供很高的吞吐量,并拥有并行处理功能,而且可以支持多种采集技术。数据挖掘工具应该拥有良好的扩展功能,并且能够支持将来可能遇到的各种数据(或文档)和计算环境。

商业智能是帮助客户将数据转化为利润的手段。实质上,商业智能就是帮助企业充分利用已有数据,将其分析整理为可用信息,并以此作为企业决策的依据。

与数据统计和分析过程不同的是,数据挖掘一般没有什么预先设定好的主题,主要是在现有数据上进行基于各种算法的计算,从而起到预测的效果,进而满足一些高级别数据分析的需求。该过程的特点和面临的挑战主要是用于挖掘的算法很复杂,并且计算涉及的数据量和计算量都很大,常用数据挖掘算法都以单线程为主,如图 6.8 所示。

图 6.8　常用数据挖掘算法都以单线程为主

目前,多数企业在部署系统时多针对自身当前的业务需求而着眼于静态的处理,无法有效地预测即将产生的情况。在这种条件下,企业难免处于被动的边缘,只能在市场的波澜面前仓促做出应对之策,其效果可想而知。若想改变这种被动局面,企业必须利用智能的解决方案,高效地收集、整理并分析相关数据,为正确决策提供前瞻性支持。

6.3.4　商务智能＝数据＋分析＋决策＋利益

人类社会从以物易物到使用货币,再到形形色色的交易,逐渐演变成了现在繁荣、复杂的各种商业活动。利益是商务的核心,而商务需要经过买卖双方的交易、谈判,商品的流通又需要物流、库存,业务流程日渐烦琐,然而当今科技进步改善或者正在改变着其形式,人们的工作效率正在极大提高。

在这个信息化时代,许多传统业务被信息化手段取代或者将信息化作为其辅助手段。于是,在这个时代,所有的人都在谈数据,并且相关的商务数据呈爆炸性指数级增长。但并非所有的数据都是有用的,人们需要从中挖掘有用的信息,用于指导现实工作。

商务智能通常被理解为将企业现有的数据转化为知识,是帮助企业做出明智的业务经营决策的工具。例如,百货商场每天有各种各样的商品被出售,其 POS 系统存储着商品的销售情况,数据量十分庞大。对这些数据,利用一定的数学模型和智能软件工具进行分析,能够知道哪些产品最热销,哪些时段人们喜欢购买什么。

接着,运用分析后的结果进行决策,例如,分析后得知下雨天时啤酒和炸鸡的销量比其他天气时段更多,于是人们决定在下雨的日子增大啤酒和炸鸡的供货量。这些分析和

决策可以增加商业利润,这种利润是人们利用现代工具进行商务智能的动力。这个过程可以被总结为一个等式:

$$商务智能＝数据＋分析＋决策＋利益$$

商业智能的关键是从许多来自不同的企业运作系统的数据中提取有用的数据并进行清理,以保证数据的正确性,然后经过抽取、转换和加载,将这些数据合并到一个企业级的数据仓库里,从而得到企业数据的全局视图,在此基础上利用合适的查询和分析工具、数据挖掘工具、OLAP 工具等对其进行分析和处理(这时信息将被变为辅助决策的知识),最后将知识呈现给管理者,为管理者的决策过程提供支持。

该等式包含了利益是因为利益作为一种动力,促进了商务智能的发展。想要以最小的投入挣得最大的利益,则需进行改变。人类生活的改变来源于人类对美好生活的追求,想把人类从繁忙的体力劳动中解放出来,可以尝试使用计算机这一科技产物,将其与商务联系起来,必定创造极大的价值。

6.4　大数据营销业务模型

6.4.1　大数据对业务模式的影响

大数据及其发挥的作用将影响每一家企业——从财富 500 强企业到夫妻店,并从内到外地改变人们开展业务的方式。

企业在哪个领域运营或者是什么规模这都不要紧,因为数据采集、分析和解读将变得更加轻松便捷,将从 4 方面对企业产生影响。

1. 对所有企业来说,数据都将成为一项资产

如今,就连最小的企业也都在产生数据。如果企业有网站、社交媒体账户、接受信用卡付款等,甚至哪怕是一家单人经营的小店,它都能从客户、客户体验、网站流量等方面收集数据。这意味着各种规模的企业都需要一个针对大数据的战略,并对收集、使用和保护数据制订计划。这也意味着精明的企业将开始向其他企业提供数据服务,哪怕对方是一家非常小的企业。

通俗来讲,企业如果想知道如何改进自身,那么需要借助数据,数据就是企业的资产,可用于企业的改进。

2. 大数据能让企业收集更高质量的市场和客户情报

不管客户喜不喜欢,企业都了解客户的很多情况——它们所掌握的有关客户的信息数量和类别每年都在扩大。每家企业(从监控客户开车情况的汽车制造商到了解客户刷卡频率和消费水平的银行)都将对客户想要什么、使用什么、通常从哪个渠道购买等拥有更加深入的了解。

等式的另一边,是企业需要对制定和执行隐私政策采取积极主动的态度,所有的系统和安全防护措施都要到位,以保护客户数据。从免费升级的微软 Windows 10 上可以看到,大多数人会允许企业收集这些数据,但他们希望企业对收集了什么数据以及为什么收集保持透明,同时希望可以选择不参与这些数据采集流程。

3. 大数据具备提高工作效率并改进运营的潜力

从使用传感器到追踪机器性能、优化送货路线、更好地追踪员工绩效甚至招募顶级人才,大数据具备能够提高几乎任何类型的企业及众多不同部门内部工作效率并改进运营的潜力。

企业可以使用传感器追踪货运和机器的运行情况,也可以追踪员工绩效。各企业已开始使用传感器追踪员工的移动、压力水平、健康状况甚至他们与谁交谈、使用的语调等。

此外,如果数据能够成功量化一名优秀的管理者所应具备的特质,它就能用来改进任何一个层级的人力资源管理流程。数据正从 IT 部门脱离,成为一家企业所有部门不可分割的一部分。

4. 数据可让企业改进客户体验并将大数据植入产品中

在所有可能的领域,企业都将使用它们收集的数据改进产品和客户体验。它不仅使用数据让自己的客户受益,还可以把数据作为一个新的产品提供给客户。

现代大型农机制造商所有新生产的拖拉机都配备了传感器,能够帮助该企业了解设备是如何使用的,同时预测并诊断故障。但企业安装传感器也是为了帮助农场主,为他们提供何时种植作物、在哪里种植、最佳的耕作和收割模式等方面的数据。对于一家大型农机制造商来说,这已成为一个全新的收入来源。

随着人们生活中联网的事物越来越多——从智能恒温器到苹果手机和健身追踪器,企业会有越来越多的数据、分析报告和信息回售给顾客。

6.4.2　大数据营销的定义与特点

大数据营销是基于多平台的大量数据,以大数据技术为依托应用于互联网广告行业的营销方式。大数据营销衍生于互联网行业,又作用于互联网行业,其依托多平台的大数据采集以及大数据技术的分析与预测能力,能够使广告投放更加精准有效,给相关品牌企业带来更高的投资回报率。

1. 大数据营销的定义

大数据营销是指通过互联网采集大量的行为数据,首先帮助广告主找出目标受众,以此对广告投放的内容、时间、形式等进行预判与调配,并最终完成广告投放的营销过程。

随着数字生活空间的普及,全球的信息总量正呈现爆炸式增长,基于这个趋势之上的是大数据、云计算等新概念和新范式的广泛兴起无疑正引领了新一轮的互联网风潮。

2. 大数据营销的特点

1) 多平台化数据采集

大数据的数据来源通常是多样化的,多平台化的数据采集能使企业对网民行为的刻画更加全面而准确。多平台采集可包含互联网、移动互联网、广电网和智能电视,未来还有户外智能屏等数据。

2) 强调时效性

在网络时代,网民的消费行为和购买方式极易在短时间内发生变化。在网民需求点的最高时段及时进行营销非常重要。大数据营销企业可以通过技术手段充分了解网民的需求,并为之及时响应,使网民在决定购买的"黄金时间"内及时接收到商品广告。

3) 个性化营销

在网络时代,广告主的营销理念已从"媒体导向"向"受众导向"转变。以往的营销活动须以媒体为导向,选择知名度高、浏览量大的媒体进行投放。如今,广告主完全可以受众为导向进行广告营销,因为大数据技术可让他们知晓目标受众身处何方、关注着什么位置的什么屏幕。大数据技术可以做到当不同用户关注同一媒体的相同界面时推送不同的广告内容,实现对网民的个性化营销。

4) 性价比高

与传统广告"一半的广告费被浪费掉"相比,大数据营销在最大程度上让广告主的投放做到有的放矢,并可根据实时性的效果反馈及时对投放策略进行调整。

5) 关联性

大数据营销的一个重要特点在于网民关注的广告与广告之间的关联性,由于大数据在采集过程中可快速得知目标受众关注的内容并可知晓网民身在何处,这些有价值的信息可让广告的投放过程产生前所未有的关联性,即网民所看到的上一条广告可与下一条广告深度互动。

3. 大数据营销的实现过程

大数据营销并非一个停留在概念上的名词,而是一个在大量运算基础上的技术实现过程。事实上,国内很多以技术为驱动力的企业也在大数据领域深耕不辍。

全球领先的大数据营销平台 AdTime 率先推出了大数据广告运营平台——云图。云图的含义是将云计算可视化,让大数据营销的过程不再神秘。该系统具备海量数据、实时计算、跨网络平台汇聚、多用户行为分析、多行业报告分析等特点。

大数据营销可以在大数据分析的基础上对消费者行为进行描绘、预测、分析和指引,从而帮助企业制定有针对性的商业策略。

大数据营销中所依赖的数据往往是基于 Hadoop 架构分类的静态人群属性和兴趣爱好常量,这导致了大数据营销在本质上很难控制和捕获用户的需求。

4. 契机

(1) 分析用户行为与特征。只有积累足够的用户数据才能分析出用户的喜好与购买习惯,甚至做到"比用户更了解用户自己"。这一点才是许多大数据营销的前提与出发点。

(2) 支撑精准营销信息推送。精准营销总被提及,但是真正能做到的企业少之又少,反而造成了垃圾信息泛滥。究其原因,主要就是过去名义上的精准营销并不怎么精准,因为其缺少用户特征数据支撑及详细准确的分析。

（3）引导产品及营销活动时应该考虑用户爱好。如果能在产品生产之前了解潜在用户的主要特征以及他们对产品的期待，那么产品就能投其所好。

（4）监测竞争对手与传播品牌。竞争对手在干什么是许多企业很想了解的，即使对方不会公开，但企业其实可以通过大数据监测分析得知他们的动向。品牌传播的有效性亦可通过大数据分析找准方向。例如，企业可以分析传播趋势、内容特征、互动用户、正负情绪、口碑分类和产品属性分布等，可以通过监测掌握竞争对手的传播态势，并可以参考行业标杆用户策划，根据用户反馈策划内容，甚至可以评估微博矩阵的运营效果。

（5）监测品牌危机及支持管理。新媒体时代，品牌危机使许多企业谈虎色变，然而大数据可以让企业提前洞悉危机。在危机爆发过程中，企业最需要的是跟踪危机传播趋势，识别重要参与人员，方便快速应对。大数据可以采集负面内容，及时启动危机跟踪和报警，按照人群社会属性聚类事件过程中的观点，识别关键人物及传播路径，进而可以保护企业、产品的声誉，抓住源头和关键结点，快速有效地处理危机。

（6）筛选企业重点客户。许多企业家纠结的是在企业的用户、好友与粉丝中，哪些是最有价值的用户？有了大数据，或许这一切答案都可以有事实做支撑。从用户访问的各种网站可判断其最近关心的内容是否与企业相关；从用户在社会化媒体上所发布的各类内容及与他人互动的内容，可以找出千丝万缕的信息，利用某种规则关联并综合起来，就可以帮助企业筛选重点目标用户。

（7）用大数据改善用户体验。要改善用户体验，关键在于真正了解用户及他们所使用的产品的状况，做最适时的提醒。例如，在大数据时代人们正驾驶的汽车可提前救其一命。只要通过遍布全车的传感器收集车辆运行信息，在汽车关键部件发生问题之前，汽车就会提前向司机或 4S 店发出预警，这不但节省钱，而且对保护生命大有裨益。事实上，美国的 UPS 快递公司早在 2000 年就利用这种基于大数据的预测性分析系统来检测全美国60 000 辆车辆的实时车况，以便及时地进行防御性修理。

（8）客户关系管理（customer relationship management，CRM）中的客户分级管理支持。面对日新月异的新媒体，许多企业通过对粉丝的公开内容和互动记录分析将其转化为潜在用户，激活社会化资产价值并对潜在用户进行多个维度的画像。大数据可以分析活跃粉丝的互动内容，设定用户画像的各种规则，关联潜在用户与会员数据、客服数据，筛选目标群体做精准营销，进而可以使传统客户关系管理结合社会化数据，丰富用户不同维度的标签，并动态更新消费者的生命周期数据，保持信息新鲜有效。

（9）发现新市场与新趋势。基于大数据的分析与预测，为企业家提供洞察新市场与把握经济走向的机会。

（10）支持市场预测与决策分析。过去数据对市场预测及决策分析的支持早就在数据分析与数据挖掘盛行的年代被提出过。沃尔玛著名的"啤酒与尿布"案例即是那时的杰作。只是由于大数据时代上述规模大（volume）及类型多（variety）对数据分析与数据挖掘提出了新要求。大数据必然会对市场预测及决策分析再上一层台阶提供更好的支撑，但似是而非或错误的、过时的数据对决策者而言是一种灾难。

6.4.3　网络营销大数据实际操作

对很多企业来说,大数据的概念已不陌生,但如何在营销中应用大数据仍是说易行难。其实,作为大数据最先落地也最先体现出价值的应用领域,网络营销的数据化之路已有成熟的经验及操作模式。

1. 获取全网用户数据

首先,需要明确的是,企业数据即使规模再大也只是孤岛数据。其次,在收集、打通企业内部的用户数据时,还要将之与互联网数据整合,才能准确掌握用户在站内站外的全方位行为,使数据在营销中体现应有的价值。最后,在数据采集阶段,建议企业在搜集自身各方面数据形成数据管理平台后,还要与第三方公用数据管理平台数据对接,获取更多的目标人群数据,形成基于全网的数据管理系统。数据融合获取用户数据如图 6.9 所示。

图 6.9　数据融合获取用户数据

2. 让数据能被人看得懂

采集来的原始数据难以被人读懂,因此,企业还需要对其进行集中化、结构化和标准化处理,让“天书”变成能看得懂的信息。

在这个过程中,企业需要建立、应用各类“库”,如行业知识库(包括产品知识库、关键词库、域名知识库和内容知识库)、基于“数据格式化处理库”衍生出来的底层库(用户行为库和 URL 标签库)、中层库(用户标签库、流量统计和舆情评估)和用户共性库等。

通过多维的标签识别用户的基本属性特征、偏好、兴趣特征和商业价值特征。数据集中化、结构化和标准化处理如图 6.10 所示。

3. 分析用户特征及偏好

将第一方标签与第三方标签结合,按不同的评估维度和模型算法,通过聚类方式将具

图 6.10　数据集中化、结构化和标准化处理

有相同特征的用户划分成不同属性的用户族群,对用户的静态信息(性别、年龄、职业、学历、关联人群和生活习性等)、动态信息(信息偏好、娱乐偏好、健康状况和商品偏好等)、实时信息(地理位置、相关事件、相关服务、相关消费和相关动作)分别描述,形成网站用户分群画像系统,如图 6.11 所示。

图 6.11　为网站用户分群画像

4. 制定渠道和创意策略

对目标群体的特征进行测量并得出分析结果,在营销计划实施前,对营销投放策略进行评估和优化。如选择更适合的用户群体、匹配适当的媒体、制定性价比及效率更高的渠道组合、根据用户特征制定内容策略,从而提高目标用户人群的转化率,制定渠道和创意

策略如图 6.12 所示。

图 6.12　制定渠道和创意策略

5. 提升营销效率

在营销过程中,企业仍需不断回收、分析数据,并利用统计系统对不同渠道的类型、时段、地域和位置等价值进行分析,对用户转化率的贡献程度进行评估,在营销过程中进行实时策略调整。

分析数据提升营销效率如图 6.13 所示。

图 6.13　分析数据提升营销效率

6. 评估、管理营销效果

利用渠道管理和宣传制作工具、利用数据进行可视化的品牌宣传和事件传播、制作数据图形化工具、自动生成特定的市场宣传报告,对特定宣传目的报告进行管理。部分营销效果评估、管理如图 6.14 所示(图中各省数值为经过营销活动后产生的实际购买顾客人数)。

图 6.14 部分营销效果评估、管理

7. 创建精准投放系统

有意领先精准营销的企业则可更进一步,整合内部数据资源、补充第三方站外数据资源,进而建立广告精准投放系统,对营销全程进行精细管理。

6.4.4 大数据营销方法

谷歌每天要处理大约 24PB 的数据,脸书每天要处理 23TB 的数据,推特每天要处理 7TB 的数据,百度每天大约新增 10TB 的数据。腾讯每天新增加 200～300TB 的数据,淘宝每天订单超过 1000 万,阿里巴巴已经积累的数据量超过 100PB。考虑一下,为什么越是行业垄断巨头就越拥有海量数据呢?

任何拥有特有数据的公司都应该考虑怎么通过数据盈利。

1. 数据采集没想象中那么复杂,重要的是发现

很多企业(甚至是互联网企业)或者不知道该如何使用已有的数据资源,白白浪费了优化改进的好机会;或者认为大数据只有百度、阿里巴巴、腾讯这样的互联网巨头才有,一个小网站或 App 应用是没有大数据的。那么,果真如此吗?

一个网站或一个 App 所包含的数据信息都可以作为数字营销的基础。

分析来自网站及竞争对手的定性与定量数据可以驱动用户及潜在用户在线体验的持续提升,并提高数字营销业绩。网站及竞争对手的定性与定量数据如图 6.15 所示。

例如,法国的一些航空公司推出免费的 App 方便旅客在移动设备上跟踪自己的行李,之后在追踪的数据平台上,这些航空公司发现一部分商务旅行客户中途在某一城市进行了短暂的商业会晤,他们不需要入住酒店,行李成了累赘。于是航空公司推出专人看管、全程可追踪的行李增值服务,此项服务每周的服务费盈利大概可达 100 万美元。

正是基于对数据的洞察产出了附加价值,因此,对数据的掌控就是对市场的支配,就意味着丰厚的投资回报。

2. 数据是有情绪的

数据的形式多种多样,那么呈数量级爆发的 UGC 内容可以被人们拿来运用吗?一个新颖点的例子,例如,从 5100 多点飞泻而下的中国股市,股民的埋怨和牢骚能以怎样的

图 6.15 网站及竞争对手的定性与定量数据

数据化形式展示?

"除了耐心等待,最好再找个地方让自己发泄一下,找些跟自己同病相怜的人,还能缓解下压力。弹幕,就是最好的形式了。"如果有人建一个网站,在 K 线图上提供弹幕供吐槽功能,那么会是什么样子呢?

结果被同样郁闷的股民汇集出的数据随着 K 线走势变化而拥有了实时鲜明的情绪特征,可以在一定程度上预估使用者下一步卖出或继续持有的动向,如图 6.16 所示。

图 6.16 预测股民情绪特征

1) 股市数据

例如,买股票,推荐者会继续购买股票并且将之推荐给其他人来加速某家企业股票(或实际产品)的成长,而贬损者则能破坏其名声,不但停止购买,而且劝说周围朋友,在负面的口碑中阻止其成长。净推荐值则反映了类似多与空、褒与贬这两股力量较量的结果。

回到广告,这些来源于门户或垂直类网站、电商平台购物用户的打分与评论,社会化媒体如微博、论坛、微信、应用等的用户评论文本数据以及客服系统的语音数据和评价文本数据,以上可以被统称为用户反馈数据,如图 6.17 所示。

图 6.17　用户反馈数据

2)用户调查表

对数据结构化处理后可以挖掘数据,识别贬损者和推荐者,全面和快速地计算净推荐值,并了解贬损者的贬损原因。

若进一步关联、整合用户行为数据,那么企业还可以了解贬损者的历史用户行为数据,这将有利于更好地洞察用户、优化用户体验和改进产品。同时企业还能定向给推荐者提供更多的优惠促销或附加增值服务。

当广告商们掌握了这些数据,能够向客户传输更加相关的和更加有趣的信息时,潜在客户们甚至可以根据自己的需求定制一些广告信息,可以做出更好的购物决策,这将有助于广告商提升销售业绩。

3. 基本的 5W1H 问答也能玩转消费行为数据

科特勒模型能以市场的特点来探讨消费者行为,更容易被用于定量研究。

以推广营销某款手机为例,可以把要研究的数据总结为 5W1H。

(1) Who & Whom:购买这款手机的人群分类是什么? 梳理分析谁是决策者,谁是使用者,谁对决定购买有重大影响以及谁是实际购买者。

(2) What:不同手机品牌的市场占有率和具体型号的销售情况。

(3) When:了解具体的季节、时间甚至时点所发生的购买行为,以配合节假日促销。

(4) Where:研究适当的销售渠道和地点,还可以进一步了解消费者是在什么样的地理环境、气候条件和地点场合使用手机。

(5) How:了解消费者怎样购买、喜欢什么样的促销方式,例如,是去线下体验店还是看测评视频等。

(6) Why:探索消费者行为动机和偏好,例如,为什么喜欢特定款手机并拒绝别的品牌或型号的原因。

不同特征的消费者会产生不同的心理活动,其决策过程引发了一定的购买决定,最终形成了消费者对产品、品牌、经销商、购买时机和购买数量的选择。科特勒行为选择模型如图 6.18 所示。

营销刺激	外部刺激	消费者特征	消费者决策	消费者的反应
产品 价格 地点 促销	经济 技术 政治 文化	文化 社会 个人 心理	问题认识 信息收集 评估决策 购买行为	产品的选择 品牌的选择 购买时机 购买数量

图 6.18   科特勒行为选择模型

数字营销人员如果能清楚地了解各种购买者对不同形式的产品、价格、服务和促销方式的真实反应,就能够适当地影响、刺激或诱发购买者的购买行为。而数据的应用可以贯穿营销价值链的广告、公关、官网、电商和 CRM 等各个环节,覆盖用户的能力会更加全面和强大。

4. 数据是拿来用的,不是拿来看的

展开一项持续的广告营销活动当然更应该建立在有数据衡量的基础上,如图 6.19 所示。

图 6.19   广告营销活动应该建立在有数据衡量的基础上

例如,美国 Uber 打车软件的数据科学家建立了“基于地理位置的打车需求模型”,每天实时更新的热点地图可以有效帮助车主缩短空载时间,同时帮乘客减少等待时长;在美国旧金山市,依托基于地理位置的打车需求模型,车主会知道提前去哪里等待可以载到更多的乘客,如图 6.20 所示。

图 6.20　基于地理位置的打车需求模型

◆ 6.5　基于社会媒体的分析预测技术

6.5.1　基于空间大数据的社会感知

大数据时代产生了大量具有时空标记、能够描述个体行为的空间大数据源,如手机数据、出租车数据和社交媒体数据等。这些数据源为人们进一步定量理解社会经济环境提供了新的手段。近年来,计算机科学、地理学和复杂性科学领域的学者基于不同类型数据开展了大量研究,试图发现海量群体的时空行为模式,并建立合适的解释性模型。

"社会感知"(social sensing)就是借助各类空间大数据研究人类的时空行为特征,进而揭示社会经济现象的时空分布、联系及过程的理论和方法。值得一提的是,与强调基于多种传感设备采集微观个体行为数据的社会感知计算(socially aware computing)相比,社会感知更加强调群体行为模式以及背后对地理空间规律的挖掘。

社会感知数据可从 3 方面获取人的时空行为特征。

(1) 对地理环境的情感和认知,如依托社交媒体数据获取人们对一个场所的看法。

(2) 在地理空间中的活动和移动,如基于出租车、签到等数据获取的海量移动轨迹。

(3) 个体之间的社交关系,如依托手机数据获取用户之间的通话联系信息。由于空间大数据包含了海量人群的时空行为信息,使人们可以依托群体的行为特征揭示空间要素的分布格局、空间单元之间的交互以及场所情感与语义。社会感知研究框架如图 6.21 所示。

图 6.21　社会感知研究框架

　　空间大数据提供的社会感知手段为地理学乃至相关人文社会科学研究开启了一种"由人及地"的研究范式,而"社会感知"这一概念正是概括描述空间大数据在相关研究与应用中所提供的数据以及方法上的支撑能力。

1. 社会感知分析方法

　　根据社会感知的概念,对空间大数据的研究可以分为"人"和"地"两个层面。前者主要关注人的空间行为模式以及该行为模式所受到的地理影响;后者则侧重在群体行为模式的基础上探讨地理环境的相关特征。

2. 个体行为模式分析法

　　空间大数据可以感知人在 3 方面的空间行为模式。其中,移动是个体层次空间行为最直接的外在表现。由于大数据对移动轨迹的获取能力较强,因此目前的研究多集中在移动模式和建立模型上。

　　动物以及人在空间中移动所展示的规律性是复杂系统领域研究的一个重要议题。每个个体的移动模式可以表示为随机游走(random walk)模型。通过对动物的移动进行观察,人们发现动物移动步长和角度的统计分布特征呈现一定的模式,该模式提高了动物觅食的效率。当移动方向均匀分布,而步长为幂律分布,且指数在 1～3 时,移动为列维飞行模型,如图 6.22 所示。

　　与动物相比,人的出行目的更加多样化,并且存在一个或者多个频繁重访地点,这使得人的移动模式与动物的移动模式存在机理上的差异。在海量个体移动轨迹数据的支持下,可以观察到人的移动模式并构建相应的解释模型。许多学者就利用手机、出租车、社交媒体签到等数据探讨了人的移动模式,并且试图建立解释性模型。

图 6.22　列维飞行模型的移动步长分布以及扩展特征

目前得到较多关注的是个体轨迹中的重访点,这是人类移动和动物移动存在较大差异的方面。人类移动存在家、工作地等频繁重访的地点,具有较高的可预测性。在地理环境分布特征方面,研究者们通常从城市范围内及城市间两个尺度分别探讨移动性模式。同时,城市范围内的移动受到城市用地结构的影响。

对一个城市而言,城市中心区土地开发强度通常较大,居民出行的密度相对较高,而在城市边缘地区,土地开发强度和出行密度都相对较低。这种地理环境分布模式使城市尺度的移动步长分布尾部不那么“重”。对于城市间的移动,城市体系中不同规模的城市空间分布同样影响了可被观测到的移动模式。

3. 活动时间变化特征分类法

不同类型的大数据可以揭示一个区域或城市的人口活动以及分布状态。大数据的时间标记可以用于解释人口分布的动态变化特征,这种变化特征往往具有较强的周期性。对于城市研究而言,尤其以日周期变化最为明显。

城市居民在居住地点和工作地点之间的通勤行为产生了相关地理单元人口密度的时变特征(见图 6.23(a))。因此,可以基于城市不同区域对应的活动日变化曲线来研究其用地特征和在城市运行中所承载的功能。

图 6.23　活动时间变化特征分类法

此外,考虑城市居民工作日和周末的不同活动特征,在一些研究中,研究者们会将工作日数据和非工作日数据分开处理。由于空间大数据所提取的活动时空分布信息可以处理成与传统遥感数据相似的形式,因此,除了非监督分类外,一些图像处理方法也可以被应用于社会感知数据的处理。图 6.23(b)展示了从人对城市空间利用的视角去解读城市的结构特征,此图是利用签到数据和出租车数据生成的上海市活动分布假彩色合成图。

4. 场所情感及语义分析法

社交媒体(推特、微博)中包含了大量文本数据,其可成为获取语义信息的重要来源。带有位置的社交媒体数据通常占 3%,研究者可以利用这部分数据揭示与地理位置有关的语义信息。目前的研究主要包括 3 个方向。

(1) 获取一个场所的主题词,例如,利用新浪微博数据提取的、在北京大学校园范围内发布的微博的主题词,如图 6.24(a)所示。

(a)   (b)

图 6.24 场所情感及语义分析

(2) 获取与场所有关的情感信息,如高兴还是抑郁。例如,利用推特数据分析的美国纽约曼哈顿地区居民的幸福感程度,如图 6.24(b)所示。

(3) 获取对特定事件(如灾害、事故和疾病)的响应。

与提取基于文本的语义信息相比,照片语义信息更为客观且丰富。每张照片都反映了拍照者对场所的感知。考虑到文本和照片不同的表达能力,可以认为结合文本和照片语义信息能够全面捕获一个地理场所给人们带来的体验。

空间大数据为人们提供了一条透过海量人群的空间行为模式,该模式可被用于观察、理解地理环境特征及影响的研究路径。社会感知概念的提出正是概括了空间大数据的这种能力。空间大数据的处理,需要有高效的分析方法,也需要对人的行为动力学模型和地理环境特征有充分的理解。因此,只有通过信息科学、复杂性科学和地理学等不同学科以及不同应用领域的学者通力合作,才能有效提取空间大数据中所蕴含的信息,并充分挖掘其应用价值。

6.5.2 基于社会媒体的预测技术

社会媒体平台上的内容对预测的作用体现在两方面:一是社会信号的采集。例如,如果发现社会媒体平台上某一特定区域的人群都在发布信息说"我感冒了",那么,这一区域很有可能正在传播流行性疾病,且有暴发的趋势。二是大众预测的融合。例如,美国大选期间,推特和脸书在网上掀起预测热潮,很多网友在这些平台上发布自己的预测结果,这种预测反映了社会媒体的群体智慧。

　　准确的预测结果对人们在生活中的趋利避害、工作计划决策起着至关重要的作用。一个决策产生的结果与该决策本身有时间上的滞后关系，"利"与"害"总是存在于未来的时间与空间中，任何决策都不可避免地要依赖预测。对未来趋势提前做出判断有利于适时地调整计划以及采取措施实施调控。

　　人类的预测活动包括自然预测和社会预测，分别面向自然界和人类社会。两者又存在较大差异，主要表现在主客体关系、规律性质、复杂程度和不确定性几方面，如表 6.1 所示。

表 6.1　自然预测与社会预测的区别

比较项及举例	自 然 预 测	社 会 预 测
主客体关系	自然的运行不因被预测而受干扰	互动反射关系（因应行为），复杂博弈关系
规律性质	承认规律，了解事实	承认规律，了解事实
复杂程度	小	大
不确定性	小	受力面多，不确定性大
举例	天气变化、地震等	电影票房、总统大选等

　　自然预测的客体是自然现象，自然现象对人类的预测毫无感知能力，其运行轨迹不会因为预测而受到任何干扰；而社会预测的客体本身也是人，人会对预测结果产生因应行为。所谓因应行为，是指被预测的客体根据预测结果调整自己的行为，使实际结果不同于预测结果。

　　相对而言，社会要比自然的"受力面"多得多，因而不确定性也大得多，对其进行预测也愈加困难。作为一个由大量子系统组成的非线性动态系统，社会在特定情况下会对某些微小的变量极为敏感。基于社会媒体的预测是指研究人类广泛参与并与社会发展变化有关的预测问题。

　　这种预测研究在许多领域都有广泛的应用，例如，金融市场的走势预测、产品的销售情况预测、政治大选结果预测、自然灾害的传播预测等。以往基于社会媒体的预测研究工作主要关注的是相关关系的发现和使用，通过找到一个现象的良好关联物来帮助人们了解现在和预测未来。例如，根据"微博声量"以及用户的情感分析可以预测股票的涨跌、电影票房的收入以及大选结果等。

　　人们需要站在一个全新的视角介绍基于消费意图挖掘的预测以及基于事件抽取的预测，并通过挖掘影响预测客体未来走势的本质原因进一步提高预测精度，具体社会媒体大数据指标包含阅读量、点击量、转发量、评论量、点赞量和收藏数等。基于社会媒体的预测技术研究框架如图 6.25 所示。

　　在图 6.25 中，基于社会媒体的预测技术需要相关关系和因果关系的共同支撑，相关关系可以从微博声量统计、情感倾向性分析和话题抽取等方面考虑，也可以运用更复杂的自然语言处理技术从事件的抽取和消费意图挖掘方面进行研究。

　　因果关系对预测的帮助包括由因导果和执果溯因两方面，前者是正向地利用因果关系进行预测，后者则是在预测失效时逆向找出失效的原因。

图 6.25　基于社会媒体的预测技术研究框架

6.5.3　基于消费意图挖掘的预测

1. 基于社会媒体的消费意图挖掘

消费意图是指消费者通过显式或隐式的方式表达对某一产品或服务的购买意愿。社会媒体用户多,发布的信息量大,在这些信息中,用户会表达各种各样的需求和兴趣爱好。从大量的观测数据中可发现相当比例的社会媒体文本直接包含了用户的某种消费意图,例如,"体感游戏机还不错,考虑入手""好想看《匆匆那年》啊!""我儿子1岁了,医生说有点缺钙,需要给孩子吃点什么呢?""天气转冷,换衣的季节到了,今年流行什么款式和颜色?"

第1条表达了用户想买体感游戏机,第2条表达了用户想去看电影《匆匆那年》,第3条表达了用户想要买补钙产品,第4条表达了用户想买冬装。如果能够很好地挖掘出社会媒体用户对某一产品的购买意愿,那么这将对预测该产品的销量将有重要意义。

消费意图可分成"显式消费意图"和"隐式消费意图"两大类。显式消费意图是指在用户在微博文本中直接指出想要购买的商品,如第1个例子和第2个例子。隐式消费意图是指用户不会在微博文本当中直接指出想要购买的商品,需要阅读者通过对文本语义的理解和进一步推理才能够猜测到用户想要购买的商品,如第3个和第4个例子。

对于显式消费意图,可以通过模式匹配的方法进行识别。例如,在识别观影意图时,基于依存句法分析结果构建模板,识别对某部电影具有显式观影意图的微博,其准确率可以达到80%。但隐式消费意图的识别则难得多,难点包括如下。

(1) 如何理解用户的语义文本,进而理解用户的消费意图。这需要人们能够很好地理解和整合词汇级以及句子级的语义特征。例如,要想识别出"我儿子1岁了,医生说有点缺钙,需要给孩子吃点什么呢"这句话包含的消费意图,需要理解关键词"儿子""缺钙"以及整个句子的含义。

(2) 用户消费意图的挖掘任务是与领域相关的,因此,构建的模型需要具有领域自适应能力。

　　消费意图毕竟还只是停留在个人意愿层面,有多少用户会真正将消费意图转化成消费行为,这是人们更加关心的话题,也是对预测更有效的特征。

　　识别消费意图的研究分成显式消费意图、隐式消费意图和能够转化成行为的意图 3 个层次。如图 6.26 所示,显式消费意图是用户消费意图这座冰山中露出的水面部分,大部分是隐式消费意图。无论是显式消费意图还是隐式消费意图,都只有一部分能够被转化为购买行为。

图 6.26　消费意图研究层次

2. 基于消费意图挖掘的电影票房预测

　　挖掘消费意图在很多方面都有很重要的应用,如推荐系统、产品销量预测等。电影票房预测正是消费意图挖掘的一个成功应用。

　　很多与电影相关的数据可以方便地被获取到。互联网有很多与电影主题相关的网站,例如,美国电影资料库、中国时光网和豆瓣网等。新浪微博每周至少会有 1000 万条以上的消息讨论与电影相关的内容。因此,有足够的数据用于分析影响电影票房的因素。

　　电影的总票房、周票房甚至每天的票房都可以比较容易地从上述渠道获得,这有助于评价实验结果的好坏,并不断提高预测的准确率。

　　从社会媒体中挖掘的消费意图数据与电影票房有清晰的逻辑相关性。社会媒体用户在某部电影上映前发布关于某部电影的消息说明他对这部电影感兴趣并且很有可能会去电影院观看这部电影。上映前一周的社会媒体数据相对其他时间段的数据来讲与电影票房的关联性最强。电影上映之后,带有情感倾向性的社会媒体内容变得至关重要,因为这类信息的传播可以被看成一种口碑营销,它将很大程度影响潜在消费者。

　　基于消费意图理解的电影票房预测相对于传统的电影票房预测而言可以说是站在了一个全新的角度。电影票房研究的基本模型和方法首次出现的时间是 20 世纪 80 年代末,这是传统电影票房预测出现的起始时间。总体来讲,传统电影票房预测主要是基于电影相关的、特定的结构化数据,如影片类型、电影协会分级、上映时间、是否有续集等。然而,这些方法要么预测效果不佳,要么需要一些时间点之后的数据才能得出合理的预测结果,很难被应用于实践中。

　　近几年,一些研究向人们展示了社会媒体在预测方面的惊人前景。例如,基于社会媒体的选举结果预测、流行病预测、奥斯卡获奖名单预测和足球比赛结果预测等。美国惠普实验室首先在基于社会媒体的电影票房研究中进行了尝试,在该实验室的研究中有两个重要的假设:一个是电影在社会媒体中被提及的次数(声量)越多,电影票房会越高;另一个是社会媒体用户对电影的评价越高,电影票房越高。但是,他们仔细分析后发现这两个假设并不成立。因为电影的媒体声量大并不一定意味着口碑好;电影的口碑好,看的人不一定就多;口碑差,看的人不一定就少。真正能够做到口碑与票房双赢的电影并不多。

例如,《三枪拍案惊奇》《画壁》等电影的口碑较低(豆瓣评分 4.6 分),但是票房收入可观(票房收入分别是 2.6 亿元和 1.6 亿元)。无论某个产品在社会媒体上被讨论得多么热烈,评价多么好,最终有多少人愿意购买才是影响产品销量的最本质因素。另外,像电影票房这样的预测对象是需要在产品发布之前给出预测结果的。

然而,在产品发布之前没有产品的口碑数据,只能获得大众对该产品的消费意图数据(购买意愿)。因此,基于消费意图的电影票房预测打破了以往的格局限制,从最根本的因素出发来预测电影票房收入。

电影票房预测的主流模型可分为线性预测模型和非线性预测模型。这两个模型都存在一个前提,即认为电影票房收入与预测影响因素之间存在线性或非线性关系。在首周票房预测实验中,线性回归模型实验结果要好于非线性回归模型,而在总票房预测研究中,非线性回归模型效果要优于线性回归模型。

这表明电影上映前一周的数据与首周票房的线性关系比较明显,线性回归模型的预测能力要高于非线性回归模型。随着时间的推移,各种新的因素不断加入以及一些偶然情况的发生使电影上映前一周的数据与总票房之间的线性关系越来越不明显,而此时线性回归模型的预测能力自然要低于非线性回归模型。因此,将线性回归模型和非线性回归模型结合起来才是未来提升预测精准度的一项重要工作。

6.5.4　基于事件抽取的预测

基于消费意图的预测是从人的主观角度出发进行预测,而基于事件的预测则是从客观的事实角度出发进行预测。社会媒体报道的一些事件会对人们的决策产生影响,而人们的决策又会影响他们的交易行为,这种交易行为最终会导致金融市场的波动。同样,重要事件也会导致股票市场的剧烈动荡,如果能够及时准确地获取这些重要事件,则其势必会有助于预测金融市场的波动。

金融市场的预测研究可分成时间序列交易数据驱动和文本驱动两个不同方向。

时间序列交易数据是最早被用于建立预测模型的一类数据,其主要包括股票历史价格数据、历史交易量数据和历史涨跌数据等。在传统的金融市场预测研究中,金融领域学者多从计量经济学的角度出发进行时间序列分析,进而预测市场的波动情况。

文本驱动的金融市场预测主要是挖掘新闻和社会媒体报道的客观事实以及大众的情感波动。许多相关研究结果表明,金融领域的新闻在一定程度上会影响股票价格。之后自然语言处理技术逐渐被引入到金融市场预测中。而早期被应用在文本表示的技术主要是基于"词袋模型",即对一篇文档来说,假定不考虑文档内词的顺序关系和语法,只考虑该文档是否出现过某个单词。基于"词袋模型"的文本表示方法并不是最优方案,因为更新的语义框架可以挖掘更加丰富的文本特征。

以上工作存在一个共性问题,即它们无法提取文本中的结构化信息,而这一信息对股票涨跌预测非常重要。例如,"甲骨文公司诉讼谷歌公司侵权",如果用词袋模型表示,其形式为{"甲骨文","诉讼","谷歌","侵权",……}。从中并不能判断出甲骨文公司和谷歌公司谁是原告,也就很难判断哪个公司的股价会上涨或下跌。

有一种想法是利用结构化的事件预测股票的涨跌。针对上面的例子,如果利用结构化的事件,则可以将之表示成{(施事:"甲骨文"),(行为:"诉讼"),(受事:"谷歌")}。由此能够清楚地知道甲骨文公司是原告,谷歌公司是被告。在此基础上,算法便可预测出谷歌公司的股价有可能受影响并下跌,而甲骨文公司的股价则可能会上涨。

6.5.5　基于因果分析的预测

对于许多预测问题来说,因果分析是十分重要并且高效的。与相关性相比,因果分析的确定性更强。例如,疾病预测、行为预测和政策效用预测等。对某些事件来说,在没有过多的相关性数据可用时,因果是最有效的预测指南。例如,稀有事件预测和新闻事件预测等。当基于相关性的预测失效时,因果更是预测的唯一指南。因此,当对某一事物的预测不准或者认识不准时,一个合理的做法是分析因果并使用因果对事件进行再认识。

1. 因果关系概述

因果与相关是两个不同的概念,尽管在很多科学研究中因果比相关更重要,但是目前大数据分析更侧重相关性研究。相关性分析得到的结论有时是不可靠,甚至是错误的,无因果关系的两个变量之间可能会表现出虚假的相关性。很多例子可以说明虚假相关性,如张三和李四手表上的时间具有很强的相关性,但是人为地改变张三的手表时间并不会引起李四手表的时间变化。

有统计表明:小学生的阅读能力与鞋的尺寸有很强的相关性,但是很明显它们没有因果关系,人为地改变鞋的尺寸并不会提高小学生的阅读能力。

因果关系也可能表现出虚假的独立性。例如,练太极拳的人平均寿命等于或者低于不练太极拳的人的寿命。事实上,太极拳确实可以强身健体、延长寿命,但练太极拳的人往往是体弱多病的人,所以这一现象会表现出虚假的独立性。

因此,表面上相关的事情实质上可能并无关联,更没有因果的必然性;但表面上不相关的事件却可能背后有因果关系。大数据分析不能只考虑相关性,也应该考虑因果关系。

如图 6.27 所示,A 代表气温,B 代表冰激凌的销量,C 代表游泳馆的客流量。A 是 B 和 C 的共同原因,A 升高会导致 B 和 C 的同步增长。虽然 B 与 C 存在统计相关性,但如果想提高 B 显然不能通过干预 C 来实现,而只能通过 A 的升高来实现。

图 6.27　因果关系与相关关系的区别

2. 抽取因果关系

抽取因果关系是一个非常基础且重要的工作。抽取出的因果关系或因果知识可被用于预测、问答等。在文本中抽取因果要用到自然语言的处理技术和方法,如词性标注、句法分析和短语抽取等。对抽取和检测因果关系的任务来说,前人的工作所使用的线索可以被粗略地分为 3 类。

1) 上下文词信息

在自然语言文本中,相同或相似的句法结构对应不同的语义关系,上下文信息对区别这种相同或相似句法结构的不同语义关系具有重要意义,丰富的上下文信息对提高因果抽取的准确率是非常必要的。

2) 词之间的关联信息

虽然使用因果关系触发词能覆盖大多数情况,但如果从含有因果提及的句子中抽取出真正存在因果关系的“词对”或者“事件对”是比较困难的。一般认为因果提及中的名词之间、动词之间、动词和名词之间的关联信息对识别因果本身来说是非常有效的资源。

3) 动词和名词的语义关系信息

在自然语言中,一些词语本身就蕴含着因果关系的可能性,例如,英文的 Increase x, Decrease x,Cause x,Preserve x 都很可能激发出一个原因的结果;中文的“增加了 x”“避免了 x”“防止了 x”也具有同样的功能。这些词一般被称为触发词。

以这种触发词模板的方法抽取因果关系的工作有很多,例如,利用因果关系触发词在大量的新闻语料中获取事件之间的因果关系。

3. 由因导果

“由因导果”即因果的预测逻辑。看到一种现象出现或者一个事件发生,人们总想知道未来是否会出现相关现象或者事件。对于预测未来,因果无疑是最有效的指南和依据,尤其是在基于相关性分析的预测失效时,若能分析出原因并利用原因进行预测,则预测结果会更加可靠。

另一类问题是稀有事件的预测。稀有事件是指发生概率很低的事件,例如,交通事故、网络欺诈行为、网络入侵行为和信用卡诈骗行为等。对稀有事件的预测是一个非常复杂的问题,它需要有对问题本身的深刻理解和对问题中的不确定性进行建模。

对于预测稀有事件,数据的稀疏性导致缺少相关关系或相关事件。因此,对稀有事件的预测既需要具备正确的因果知识,又需要能进行正确的因果分析,同时还需要能充分利用有效的小样本数据。

4. 执果溯因

执果溯因即看到一种现象或一个结果时人们总想知道“为什么”,在自然语言文本中,人们对因果解释逻辑的诉求也是随处可见。以电商为例,电商网站上有大量用户对商品的评论信息,如某些人对商品 A 持有积极评价,另一些人则对商品 A 进行吐槽。生产商和销售商会很想知道为什么有些人喜欢?为什么有些人不喜欢?如果能从评论数据中分析并找到原因,那么该原因将对生产商和销售商都有重大意义。

在社会学和大众舆情分析领域,大众对某个社会事件或者社会问题的情感和态度是十分重要的,但是更重要的是让他们持有某种情感或者态度的原因。如果能自动地从文本中尤其是社会媒体文本中挖掘出这些原因,那么这对于理解民意、维护社会安定将具有重大意义。类似这种从文本中分析原因的需求几乎覆盖各行各业。

在商业决策领域,人们想知道产品销量提高或者降低的原因,进而做出应对,例如电影票房的涨跌和广告宣传的因果作用分析对宣传策略的选择至关重要。在政治决策上同样如此。为了分析一个时序变量是否对另一个时序变量产生因果作用,人们可以先预测一个虚拟结果,进而和真实结果进行对比来评价一个变量对另一个变量的因果作用。例如,有一个网站,在某一时刻 t 发布了一个广告,那么这个广告究竟可以带来多少点击量?

"反事实思维"也是执果溯因的方法之一。"反事实思维"针对的是并没有发生的事情,但如果有人采取另一种方案,那么结果也许会改变人们对事件的看法。反事实思维首先是向上的反事实,它是对过去已经发生的事件进行想象,如果顺势而为,就有可能出现比真实情况更好的结果。有向上反事实,就有向下反事实:如果逆势而为则结果可能更糟。

为此,可以提出反事实的假定,设定与事实相反的条件,然后再确定因果关系。如图 6.28 所示,竖切的虚线代表引入广告的分界线,起初部分的实线和虚线分别表示真实的网站点击量曲线和不引入广告情况下的网站点击量曲线,逐点部分代表的是真实曲线和反事实曲线的差值曲线。累积部分是真实曲线和反事实曲线的累积差值,通过观察累积差值的大小,可以得到引入广告对网站点击量增加的因果效用,例如,得出"引入广告是网站点击量显著增加的原因"的结论。

图 6.28　通过反事实结果预测推断因果效用

◇ 6.6　大数据应用案例：用大数据看风水
——以星巴克和海底捞的选址为例

有人问，整天说大数据，大数据究竟有什么用处？今天就在这里讲讲如何用大数据来看风水。

说起看风水开店选址，人们脑海里浮现出来的十有八九是风水先生们拿着罗盘走来走去的画面。

在互联网时代，商家们紧跟时代步伐，已经学会了用大数据看风水。简单来说就是以搜索数据为依据推断哪个地方的用户对服务和商品有需求，相当于根据需求的密集程度选址——这大概是开店选址需要考虑的最关键一步，也是百度大数据较独特的地方。

举个例子，图 6.29 是一份研究星巴克咖啡连锁店和海底捞火锅连锁店未覆盖地区的用户对这两家店的需求分析数据图表。

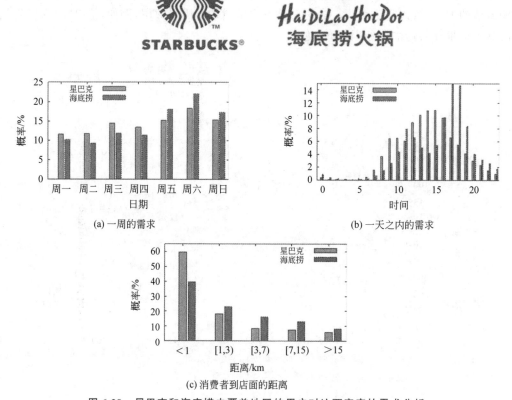

图 6.29　星巴克和海底捞未覆盖地区的用户对这两家店的需求分析

在图 6.29(a)中，对比一周的需求，"吃货们"在周末对海底捞的需求高过星巴克。

在图 6.29(b)中,在一天之内,单身青年们喜欢在午饭后约"女神"喝星巴克。

在图 6.29(c)中,七成星巴克消费者一般选在附近 1 千米的店,而去海底捞吃饭的消费者一般需要跑更远的距离(大约 3 千米)。

百度大数据实验室要做的就是通过分析这些时间、空间、网点、交通便利程度和竞争对手情况等因素,结合用户需求找出合适的开店地址。

使用大数据技术处理以上数据,即可得出现有网点未覆盖的用户需求分布热力图,如图 6.30 和图 6.31 所示。

图 6.30 现有网点未覆盖的用户需求分布热力图(一)

图 6.31 现有网点未覆盖的用户需求分布热力图(二)

📍表示现有的海底捞火锅店的位置

152

选址优化模型计算出的新网点候选位置如图 6.30 和图 6.31 中气泡标识。用大数据测算结果跟实际地址对比,水滴标记是初算的地址,小圆点是第二、三步复算出的地址,大圆点是最终的建议选址。结合商铺最后的选址感受一下,如有雷同,不是巧合。

以下是海底捞选址效果验证(石景山万达店,图 6.32)以及星巴克选址效果验证(星巴克北辰购物中心店,图 6.33)的结果图形化显示。

图 6.32 海底捞选址效果验证(石景山万达店)

图 6.33 星巴克选址效果验证(星巴克北辰购物中心店)

通过上面的案例可知,大数据选址服务不但可以给出现有情况的数字和结论,而且可提供未来决策的合理化建议。

◇ 习题与思考题

一、选择题

1. 某超市研究销售记录数据后发现,买啤酒的人很大概率也会购买尿布,这种属于数据挖掘的(　　)问题。

　　A. 关联规则发现　　B. 聚类　　　　　　C. 分类　　　　　　　D. 自然语言处理

2. 数据挖掘的挖掘方法包括(　　)。

　　A. 聚类分析　　　　B. 回归分析　　　　C. 神经网络　　　　　D. 决策树算法

3. Web 内容挖掘的实现技术是(　　)。

　　A. 文本总结　　　　B. 文本分类　　　　C. 文本聚类　　　　　D. 关联规则

4. 社交网络产生了海量用户以及实时和完整的数据,同时社交网络也记录了用户群体的(　　),通过深入挖掘这些数据可以了解用户,然后将这些分析后的数据信息推送给需要的品牌商家或是微博营销企业。

　　A. 地址　　　　　　B. 行为　　　　　　C. 情绪　　　　　　　D. 来源

5. 在数据挖掘工作的 4 个阶段中,具体的数据挖掘工作占总时间的百分比为(　　),对于成功重要性的百分比为(　　)。

　　A. 50%　　　　　　B. 20%　　　　　　C. 80%　　　　　　　D. 60%

6. 美国海军军官莫里通过对前人航海日志的分析绘制了新的航海路线图,标明了大风与洋流可能发生的地点。这体现了大数据分析理念中的(　　)。

　　A. 在数据基础上倾向于全体数据而不是抽样数据

　　B. 在分析方法上更注重相关分析而不是因果分析

　　C. 在分析效果上更追求效率而不是绝对精确

　　D. 在数据规模上强调相对数据而不是绝对数据

7. 下列关于聚类挖掘技术的说法中,错误的是(　　)。

　　A. 不预先设定数据归类目,完全根据数据本身性质将数据聚合成不同类别

　　B. 要求同类数据的内容相似度尽可能小

　　C. 要求不同类数据的内容相似度尽可能小

　　D. 与分类挖掘技术相似的是,两者都要对数据进行分类处理

8. 下列关于大数据分析理念的说法中,错误的是(　　)。

　　A. 在数据基础上倾向于全体数据而不是抽样数据

　　B. 在分析方法上更注重相关分析而不是因果分析

　　C. 在分析效果上更追求效率而不是绝对精确

　　D. 在数据规模上强调相对数据而不是绝对数据

9. 关于数据估值,下列说法中错误的是(　　)。

　　A. 随着数据价值越来越被重视,企业所持有和使用的数据也渐渐被纳入了无形资产的范畴

B. 无论是向公众开放还是将其锁在企业的保险库中,数据都是有价值的

C. 数据的价值可以通过被授权的第三方使用来实现

D. 目前可以通过数据估值模型来准确地评估数据的价值评估

10. 对大数据使用进行正规评测及正确引导,可以为数据使用者带来(　　　)好处。

A. 他们无须再取得个人的明确同意就可以对个人数据进行二次利用

B. 数据使用者不需要为敷衍了事的评测和不达标准的保护措施承担法律责任

C. 数据使用者的责任不需要被强制力规范就能确保履行到位

D. 针对任何项目管理者都必须设立规章,规定数据使用者应如何评估风险、规避或减轻潜在伤害

二、问答题

1. 大数据分析面对的数据类型有哪些?

2. 简述大数据的分析与处理方法。

3. 数据挖掘的功能有哪些?

4. 为什么说"大数据自动挖掘"才是大数据的真正意义?

5. 为什么说"商务智能＝数据＋分析＋决策＋利益"?

6. 针对电商的大数据分析都需要考虑哪些具体方面?

7. 简述大数据营销的定义与特点。

8. 谈一谈对网络营销大数据业务模型和实际操作的看法。

9. 基于社会媒体的分析预测技术有哪些?

第7章

大数据隐私与安全

◇ 7.1 大数据面临的安全问题

大数据的暴发式增长是人们在信息化和社会发展中遇到的棘手问题,其需要人们采用新的数据管理模式,研究和发展新一代的信息技术。

目前大数据面临的安全问题主要有以下7点。

1. 速度方面的问题

传统的关系数据库管理系统(relational database management system,RDBMS)一般都集中地存储和处理数据,没有采用分布式架构,很多大型企业配置的系统往往都是基于 IOE 架构,即 IBM 服务器、Oracle 数据库和 EMC (2015 年被戴尔公司收购)存储。在这种典型配置中,单台服务器的配置通常都很高,可以有多达几十个 CPU 核心,内存也能达到上百吉字节;数据库被存储在高速大容量的磁阵上,存储空间可达太字节级。这种配置对于传统的管理信息系统(management information system,MIS)来说是可以满足需求的,然而面对不断增长的数据量和动态数据使用场景,这种集中处理方式逐渐成为瓶颈,尤其是在速度响应方面捉襟见肘。

在面对大数据量的导入导出、统计分析、检索查询方面,由于依赖集中式的数据存储和索引,数据库的性能随着数据量的增长而急速下降,其对需要实时响应的统计及查询场景更是无能为力。例如,在物联网中,传感器的数据可以多达几十亿条,这些数据都需要实时入库、查询及分析,传统的数据库管理系统完全无法适应需求。

2. 种类及架构问题

传统的数据库管理系统对结构化的、固定模式的数据已经形成了相当成熟的存储、查询、统计处理模式。随着物联网、互联网以及移动通信网络的飞速发展,数据的格式及种类在不断变化和发展。例如,在智能交通领域,所涉及的数据可能包含文本、日志、图像、视频和矢量地图等来自不同监控源的、不同种类的数据。

这些数据的格式通常都是不固定的,如果采用结构化的存储模式将很难应对不断变化的需求。因此,这些种类各异的多源异构数据需要不同的处理模式,结合结构化和非结构化数据存储。在整体的数据管理模式和架构上,也需要采用新型的分布式文件系统及分布式 NoSQL 数据库架构。

3. 体量及灵活性问题

大数据由于体量巨大,若采用集中式存储,在速度、响应方面都存在问题。当数据量越来越大,并发读写量也越来越大时,集中式的文件系统或单数据库操作将成为致命的性能瓶颈,毕竟单台服务器的承受压力是有限的。因此,可以采用线性扩展的架构把数据的压力分散到多台服务器上,这样就可以根据数据量和并发量动态增加和减少服务器。

在数据存储方面,大数据系统需要采用分布式可扩展的架构,例如,Hadoop 文件系统和 HBase 数据库。同时,在数据的处理方面也需要采用分布式的架构,把数据处理任务分配到多个计算结点上,另外还需考虑数据存放结点和计算结点之间的位置关联性,在计算领域中,资源分配和任务分配实际上是一个任务调度问题,其主要任务是根据当前集群中各个结点的资源(包括 CPU、内存、存储空间和网络带宽等)的占用情况以及各个用户作业服务质量要求,在资源和作业或者任务之间做出最优的平衡分配。由于用户对作业服务质量的要求是多样化的,资源的状态也是不断变化的,因此,为分布式数据处理分配合适的资源也是一个动态调度问题。

4. 成本问题

在硬件和软件选型时,集中式的数据存储和处理基本采用的都是配置相当高的大型机或小型机服务器,以及访问速度快、保障性高的磁盘阵列,以此来保障数据处理性能。这些硬件设备都非常昂贵,动辄高达数百万元,搭配的软件也经常是国外大厂商如 Oracle、IBM、SAP 和微软等公司的产品,维护服务器及数据库也需要专业技术人员,运维的成本很高。

在面对海量数据的挑战时,这些厂商推出了形似庞然大物的"一体机"解决方案,把多服务器、大规模内存、闪存、高速网络等硬件堆叠,以此缓解数据压力,然而这在硬件成本上极高,一般的企业很难承受。

新型的分布式存储架构、分布式数据库(如 HDFS、HBase 和 MongoDB 等)由于大多采用去中心化的、并行处理架构,在数据处理上不存在集中处理和汇总的瓶颈,同时具备线性扩展能力,能有效地应对大数据的存储和处理问题。

在软件架构上,新的大数据技术也都实现了自管理、自恢复的机制,以面对大规模结点中容易出现的偶发故障,保障系统整体的健壮性。因此,新架构对每个结点的硬件配置要求并不高,甚至可以使用普通的 PC 作为服务器,这样可以大大节省服务器成本;在软件方面其使用开源软件,也占据非常大的价格优势。

当然,在谈及成本问题时不能简单地只对硬件和软件成本对比,要把原有的系统及应用迁移到新的分布式架构上,从底层平台到上层应用都需要做很大的调整。尤其是在数据库模式以及应用编程接口方面,新型的 NoSQL 数据库与原来的 RDBMS 存在较大差别,企业需要评估迁移和开发的成本、周期及风险。除此之外,还需考虑服务、培训和运维等方面的成本。

在总体趋势上,随着这些新型数据库架构及产品的逐渐成熟与完善,一些商业运营公司基于开源基础为企业提供了专业的数据库开发及咨询服务,新型的分布式、可扩展数据库模式必将在大数据浪潮中胜出,从成本到性能完胜传统的集中模式。

5. 价值挖掘问题

大数据由于体量巨大又不断增长,因此单位数据的价值密度在不断降低。但同时大数据的整体价值却在不断提高,大数据被类比为石油和黄金,从中可以发掘巨大的商业价值。要从海量数据中找到隐藏的模式,需要深度的数据挖掘和分析。

大数据挖掘与传统的数据挖掘模式存在较大区别。

传统的数据挖掘一般数据量较小,算法相对复杂,收敛速度慢。然而大数据的数据量巨大,数据的存储、清洗和 ETL 方面都需要应对大数据量的需求和挑战,这在很大程度上需要采用分布式并行处理的方式,例如,谷歌、微软公司的搜索引擎在对用户的搜索日志进行归档存储时,就需要多达几百台甚至上千台服务器同步工作才能应付全球上亿用户的搜索行为。

同时,对数据进行挖掘也需要改造传统数据挖掘算法及底层处理架构,只有采用并行处理的方式才能对海量数据进行快速计算和分析。Apache 基金会的 Mahout 项目就提供了一系列数据挖掘算法的并行实现。很多应用场景甚至需要挖掘的结果能够实时反馈,这对系统提出了很大挑战,因为数据挖掘算法通常需要较长的时间,尤其是在大数据量的情况下,可能需要结合大批量的离线处理和实时计算才可能满足需求。

数据挖掘的实际增效也是人们需要仔细评估的问题。并非所有的数据挖掘计划都能得到理想的结果。在保障数据本身的真实性和全面性的前提下,如果所采集的信息本身噪声较大,或者一些关键性的数据没有被包含进来,那么所挖掘出来的价值就会大打折扣。

同时,价值挖掘的成本和收益也是需要人们考虑的。如果对挖掘项目投入的人力和物力、硬件和软件平台耗资巨大,项目周期也较长,而挖掘出来的信息对企业生产决策、成本效益等方面的贡献不大,那么片面地相信和依赖数据挖掘的威力将是不切实际和得不偿失的。

6. 存储及安全问题

大数据由于存在格式多变、体量巨大的特点,也为大数据的存储及安全保障带来了很多挑战。针对结构化数据,关系数据库管理系统(RDBMS)经过几十年的发展,已经形成了一套完善的存储、访问、安全与备份控制体系。大数据的巨大体量对传统 RDBMS 造成了冲击,如前所述,集中式的数据存储和处理被逐渐转向分布式并行处理。大数据更多时候是非结构化数据,因此人们也开发了许多分布式文件存储系统、分布式 NoSQL 数据库等来应对这类数据。

然而这些新兴系统在用户管理、数据访问权限、备份机制和安全控制等各方面还需进一步完善。简而言之,一是要保障数据不丢失,海量的结构化和非结构化数据需要有合理的备份冗余机制,在任何情况下任何数据都不能丢;二是要保障数据不被非法访问和窃取,只允许对数据有访问权限的用户看到数据、拿到数据。

由于大量的非结构化数据可能需要不同的存储和访问机制,因此要形成对多源、多类型数据的统一安全访问控制机制,这是亟待解决的问题。大数据系统将更多、更敏感的数据汇集在一起,对潜在攻击者的吸引力更大,攻击的"性价比"更高,这使大数据更易成为被攻击的目标。LinkedIn 在 2012 年被曝出有 650 万用户的账户和密码泄露;雅虎遭到网络攻击,致使 45 万用户 ID 泄露;2011 年 12 月,中国专业 IT 社区 CSDN 的安全系统遭到黑客攻击,600 万用户的登录名、密码及邮箱被泄露。

与大数据紧密相关的还有隐私问题。由于物联网技术和互联网技术的飞速发展,与人们工作生活相关的各类信息都被采集和存储下来,不管是上网、打电话、发微博、微信,还是购物、旅游,人们随时暴露在"第三只眼"下面,行为都被监控分析着。通过各类信息对用户行为的深入分析和建模,企业可以更好地服务用户,实施精准营销,然而信息泄露或被滥用会直接侵犯用户的隐私,对用户造成恶劣的影响,带来财产的损失,甚至造成生命危险。

目前世界上的很多国家包括中国都在完善与数据使用及隐私相关的法律,以保护隐私信息不被滥用。

7. 互联互通与数据共享问题

我国的企业信息化建设过程普遍存在条块分割和信息孤岛的现象。不同行业之间的系统与数据几乎没有交集,同一行业,如交通、社保系统等也是按行政领域划分建设,跨区域的信息交互、协同非常困难。严重的甚至在同一单位内,如一些医院的信息系统中,病历管理、病床信息、药品管理等子系统都是分别建设的,没有实现信息共享和互通。

"智慧城市"是我国"十二五"信息化建设的重点,而智慧城市的根本就是要实现信息的互联互通和数据共享,基于数据融合实现智能化的电子政务、社会化管理和改善民生。因此,在城市数字化的基础上,只有打通各行各业的数据接口,实现互联互通,在此之上才能实现智慧化。例如,在城市应急管理方面,就需要交通、人口、公安、消防、医疗卫生等各个方面的数据和协助。

实现跨行业的数据整合需要制定统一的数据标准、交换接口以及共享协议,这样不同行业、部门、格式的数据才能以统一的基础实现访问、交换和共享。当然,实现这些访问、交换和共享也需要建立基于权限的管理体系,以保障数据的安全。

大数据存在的问题如表 7.1 所示。

表 7.1 大数据存在的问题

问 题 分 类	问 题 描 述
速度方面的问题	导入导出问题
	统计分析问题
	检索查询问题
	实时响应问题

续表

问 题 分 类	问 题 描 述
种类及架构问题	多源问题
	异构问题
	原系统的底层架构问题
体量及灵活性问题	线性扩展问题
	动态调度问题
成本问题	巨型机与小型服务器的成本对比
	原有系统改造的成本把控
价值挖掘问题	数据分析与挖掘问题
	数据挖掘后的实际增效问题
存储及安全问题	结构化与非结构化
	数据安全
	隐私安全
互联互通与数据共享问题	数据标准与接口
	共享协议
	访问权限

◇ 7.2　大数据安全与隐私保护的关键技术

7.2.1　基于大数据的威胁发现技术

由于大数据分析技术的出现,企业可以超越以往的"保护—检测—响应—恢复"模式,更主动地发现潜在的安全威胁。例如,IBM 公司推出了名为"IBM 大数据安全智能"的新型安全工具,可以利用大数据侦测来自企业内外部的安全威胁,包括扫描电子邮件和社交网络、标示出明显心存不满的员工,提醒企业预防其泄露企业机密。

自 2007 年起,由美国国家安全局(national security agency,NSA)开始实施绝密电子监听"棱镜"计划,该计划也可以被理解为应用大数据方法进行安全分析的成功事件。通过该计划,NSA 收集各个国家各种类型的数据,利用安全威胁数据和安全分析形成系统方法以发现潜在危险局势,在攻击发生之前识别威胁。

相比传统技术方案,基于大数据的威胁发现技术具有以下优点。

1. 分析内容的范围更大

传统的威胁分析主要针对的内容为各类安全事件。企业的信息资产包括数据资产、软件资产、实物资产、人员资产、服务资产和其他为业务提供支持的无形资产,传统威胁检测技术并不能覆盖这 6 类信息资产,因此其所能发现的威胁是有限的。

在威胁检测方面引入大数据分析技术可以更全面地发现针对这些信息资产的攻击。例如,通过分析企业员工的即时通信数据、e-mail 数据等可以及时发现人员资产是否面临其他企业"挖墙脚"的攻击威胁。再如,通过对企业订单数据的分析也能够发现一些异常的操作行为,进而判断是否危害企业利益。可以看出,分析内容范围的扩大能够使基于大数据的威胁检测更加全面。

2. 分析内容的时间跨度更长

现有的许多威胁分析技术都是内存关联性的,即实时收集数据,采用分析技术发现攻击。这类技术的分析窗口通常受限于内存大小,无法应对持续性和潜伏性的攻击。引入大数据分析技术后,威胁分析窗口可以横跨若干年的数据,因此,发现威胁的能力更强,可以有效应对 APT(advanced persistent threat,高级持续性威胁)类攻击。

3. 攻击威胁的预测性

传统的安全防护技术或工具大多只能在攻击发生后对攻击行为进行分析和归类并做出响应,而基于大数据的威胁分析可进行预判,能够寻找潜在的安全威胁,并对将发生的攻击行为做出防范。

4. 对未知威胁的检测

传统的威胁分析通常是由经验丰富的专业人员实施,然而这种分析的结果很大程度上依赖个人经验。同时,分析所发现的威胁也是已知的。大数据分析的特点是侧重于普通的关联分析而不侧重因果分析,因此采用恰当的分析模型可发现未知威胁。

虽然基于大数据的威胁分析技术具有上述优点,但是该技术目前也存在一些问题,主要集中在分析结果的准确度上。

一方面,大数据采集很难做到全面,而数据又是分析的基础,它的片面性往往会导致分析的结果存在偏差。为了分析信息资产面临的威胁,企业不仅要全面收集内部的数据,还要收集一些外部数据,这在某种程度上是个大问题。

另一方面,大数据分析能力的不足也将影响威胁分析的准确性。例如,纽约投资银行每秒会有 5000 次网络事件发生,每天需要捕捉 25TB 的数据,如果没有足够的分析能力,要从如此庞大的数据中准确地发现极少数预示潜在攻击的事件,进而分析威胁的由来,这是几乎不可能完成的任务。

7.2.2　基于大数据的认证技术

身份认证是信息系统或网络确认操作者身份的过程。传统的认证技术主要通过秘密(如口令)或者凭证(如数字证书)来鉴别用户。这些技术面临如下两个问题。

首先,攻击者总是能够找到方法来骗取用户所知的秘密或窃取用户持有的凭证,从而通过认证机制。例如,攻击者利用钓鱼网站窃取用户口令,或者通过社会工程学的方式接近用户,直接骗取用户所知秘密或持有的凭证。

其次,传统认证技术中的认证方式越安全往往意味着用户负担越重。例如,为了加强认证安全所采用的多因素认证,用户往往需要同时记忆复杂的口令,还要随身携带硬件(如 USB Key),一旦忘记口令或者忘记携带 USB Key 就无法完成身份认证。

为了减轻用户负担,一些生物认证方式应运而生,利用用户具有的生物特征(例如,指纹等)来确认其身份。然而,这些认证技术要求设备必须具有生物特征识别功能(例如,指纹识别)。因此,设备功能的缺失很大程度上限制了这些认证技术的广泛应用。

在认证技术中引入大数据分析能够有效地解决这两个问题。基于大数据的认证技术指的是收集用户行为和设备行为数据,并对这些数据进行分析,获得用户行为和设备行为的特征,进而通过鉴别操作者行为及其设备行为来确定其身份。这与传统认证技术利用秘密、凭证或生物特征来确认用户身份有很大不同。这种新的认证技术具有以下优点。

(1) 攻击者很难模拟用户行为特征,所以该技术更加安全。利用大数据技术收集的用户行为数据和设备行为数据是多样的,可以包括用户使用系统的时间、经常采用的设备和设备所处的物理位置,甚至是用户的操作习惯数据。分析这些数据能够为用户勾勒一个行为特征的轮廓。攻击者很难在方方面面都完美地模仿用户的行为,因此其与真正用户的行为特征轮廓必然存在较大偏差,无法通过认证。

(2) 减少了用户负担。用户行为和设备行为特征数据的采集、存储和分析都由认证系统完成,相比传统认证技术极大地减轻了用户负担。

(3) 可以更好地支持统一的系统认证机制。基于大数据的认证技术可以让用户在整个网络空间采用相同的行为特征进行身份认证,从而避免不同系统采用不同认证方式、用户秘密或凭证也各不相同带来的种种不便。

虽然基于大数据的认证技术具有上述优点,但同时其也存在一些问题。

(1) 初始阶段的认证问题。基于大数据的认证技术是建立在分析大量用户行为和设备行为数据基础上,而系统的初始阶段往往不具备大量数据。因此,这时系统无法分析出用户行为特征,或者分析的结果不够准确。

(2) 用户隐私问题。基于大数据的认证技术为了能够获得用户的行为习惯,必然要长期持续地收集大量的用户数据。那么在收集和分析这些数据的同时,保护用户隐私也是亟待解决的问题。对隐私的保护问题是影响这种新认证技术是否能够推广的主要因素。

7.2.3　基于大数据的数据真实性分析

目前,基于大数据的数据真实性分析被广泛认为是较为有效的方法。许多企业已经开始了这方面的研究工作,例如,雅虎公司利用大数据分析技术过滤垃圾邮件;美国最大的点评网站 Yelp 以及各类点评网站用大数据分析识别虚假评论;新浪微博等社交媒体利用大数据分析鉴别各类垃圾信息等。

基于大数据的数据真实性分析技术能够提高对垃圾信息的鉴别能力。一方面,引入大数据分析可以获得更高的识别准确率。例如,对点评网站的虚假评论,服务商可以收集评论者的大量位置信息、评论内容和评论时间等进行分析,鉴别其评论的可靠性。如果某评论者为某品牌多个同类产品都发表了恶意评论,那么其评论的真实性就值得被怀疑。

另一方面,在进行大数据分析时,通过机器学习技术可以发现更多具有新特征的垃圾信息,然而该技术仍然面临一些困难,主要是定义虚假信息和构建分析模型等。

7.2.4 大数据与"安全即服务"

前面列举了部分当前基于大数据的信息安全技术,未来业界必将涌现出更多、更丰富的安全应用和安全服务。由于此类技术以大数据分析为基础,因此,收集、存储和管理大数据就是相关企业或组织面临的核心问题。

除了极少数企业有能力做到之外,对于绝大多数信息安全企业来说,更为现实的方式是通过某种渠道获得大数据服务,结合自身的技术特色领域对外提供安全服务。

未来大数据安全的发展前景是以底层大数据服务为基础,由各个企业组成相互依赖、支撑的信息安全服务体系,总体上形成信息安全产业界的良好生态环境。

◇ 7.3 大数据安全的防护策略

1. 确保身份安全

要进行大数据分析,需要把大型数据集划分成更易于管理的单个部分,然后分别通过 Hadoop 集群处理,最后将它们重新组合以进行分析。该过程高度自动化,涉及大量跨集群的机器对机器(machine-to-machine,M2M)交互。

在 Hadoop 的基础设施上会发生几个层次的授权,具体包括如下。

(1)访问 Hadoop 集群。

(2)簇间通信。

(3)集群访问数据源。

这些授权往往是基于安全外壳协议(secure shell,SSH)密钥的,其对于使用 Hadoop 是理想的,因其安全级别支持自动化的机器对机器通信。

许多基于云计算的 Hadoop 服务也使用 SSH 作为访问 Hadoop 集群的认证方法,这一方法确保了授予访问大数据环境中的身份应该是一个高优先级的,但其也具有挑战性。对于那些想要像使用 Hadoop 一样使用大数据分析的公司来说,有些问题直截了当。

谁来建立运行大数据分析的授权?一旦建立授权的人离职,会出现什么问题?授权提供的访问级别是否基于"须知"安全准则?谁可以访问授权?如何管理这些授权?

大数据并不是需要考虑这些问题的唯一技术。当越来越多的业务流程自动化,这些问题将遍布数据中心。自动化的机器对机器通信交易占到了数据中心所有通信的 80%,然而大部分管理员则把焦点集中在与员工账户相关联的 20% 的通信流量。由于大数据将成为下一个杀手级应用,故全面管理以机器为主的身份验证的任务变得迫在眉睫。

2. 风险

众所周知的数据泄露包括滥用以机器为主的证书,这体现了忽视 M2M 身份验证的现实风险。在企业在管理终端用户身份上取得很大进步时,如果忽视了应以同样标准处理机器为主的身份验证的需求,那么其结果就是使整个 IT 环境遍布风险。

　　然而,对于想要将集中的身份和存取管理应用到数百万基于机器的身份来说,改变运行中的系统是一个很大的挑战。不中断地迁移系统环境是一项复杂的工作,所以企业一直在犹豫也不足为奇。

3. 密钥管理的不良状况

　　很多企业的密钥管理一直很糟糕。为了管理用于保护 M2M 通信的认证密钥,许多系统管理员使用电子表格或自编脚本来控制密钥的分配、监控和清点,但这种做法往往会漏掉许多密钥。系统管理员可能会疏于设置常规扫描,于是未被授权的非法途径便在不知不觉中被添加进来。

4. 安全步骤

　　组织机构必须承认并应对诸多风险,以下这些步骤是行动开始的最佳做法。

　　(1) 很少有 IT 信息技术人员知道身份的存储位置、访问权限以及其支持的业务流程。因此,第一步是发现被动非侵入。

　　(2) 环境监测是必需的,这样才能确定哪些身份是活跃的,哪些身份不是活跃的。幸运的是,在许多企业中,未使用的(也是不需要的)身份往往占绝大多数。一旦这些未使用的身份被定位并移除,整体工作量便会大大降低。

　　(3) 集中控制添加、更改和删除机器身份。这样一来,管理员便可以方便地控制和管理系统中的各种身份,确保没有非托管的身份被添加,并证明合法身份。

　　(4) 随着可见性和管理控制的确定,越权的身份将在不中断业务流程的情况下被处理。集中管理可对该身份的权限级别进行验正。

5. 安全策略

　　大数据的兴起伴随着数据存取控制的新型风险。M2M 身份管理必不可少,但是传统的人工做法效率低且风险高。盘点所有密钥,使用最优方法可以节省时间和金钱,同时提高安全性和法律法规意识。由于大数据增加了访问敏感信息的认证门槛,组织机构必须采取积极措施,推出全面、一致的身份和存取管理策略。

◆ 7.4　大数据应用案例:数据解读城市
——北京本地人 VS 外地人

　　在大城市中,"外来人口"是一个随时可以引起争议的话题。

　　毫无疑问,外来者为城市的经济发展、城市运行注入了新鲜活力,但同时他们也是公共资源的使用者。在人口、资源和环境等压力之下,城市的拥挤、无序、污染和不文明等现象往往被当地居民归咎于"外地人"。

　　互联网自媒体和各个地方论坛上,"本地人"对"外地人"的抱怨和"外地人"对"本地人"的反击非常普遍。在这些争论中,时常见到本地人指责外地人对原有城市生活环境、文化和语言等方面造成了冲击。

那么,首都的情况如何? 近年来,随着北京城市面积的扩张和旧城人口的疏解,北京的本地论坛里也出现了"北京首都化的过程就是外地人进三环,北京'土著'出五环的过程"这种说法。这些观感究竟是带着情绪的抱怨,还是某种程度上的事实? 本节无意介入具体的争论,这里仅基于数据,从常住外来人口、外来青年人才以及短期来京外来人口 3 个视角分析一下北京外来人口的分布情况。

大数据论证:你的上班路为何会变成漫长取经路?

北京的人流在哪儿? 用大数据看城市。

用数据来勾画,24:00 之后的北京到底是什么样子。

大数据颠覆了人们心中的"房奴"形象(来自 50 000 余个北京商业贷款案例)。

1. 视角一:常住外来人口分布

北京的"外地人"到底住在哪些地方? 是不是真的把原先的"老北京""挤出去"了呢? 从全国第六次人口普查的数据看,北京常住外来人口数量的分布如图 7.1 所示。

图 7.1　北京常住外来人口数量的分布图(见彩插)
(资料来源:全国第六次人口普查的数据)

常住人口指"全年经常在家或在家居住 6 个月以上,且经济和生活与本户连成一体的人口"。北京市常住外来人口总共有 702.8 万,其中一半以上居住在五环之外,具体数字是 375.2 万(资料来源:全国第六次人口普查)。

以"乡镇街道办事处"为统计单位考察常住外来人口总数,可以发现大量外来人口集中在五环以外(颜色越深,常住外来人口数量越多):北五环至六环的回龙观、东小口、北七家;南三环与南五环之间卢沟桥、新村、大红门、旧宫和十八里店;以及东五环外平房和永顺街道。北京各环路间常住外来人口比例概况如图 7.2 所示。

图 7.2 北京各环路间常住外来人口比例概况

通过"外来人口所占单元总人口比例"数据观察本地外来人口分布可以发现,在各环路之间,五环和六环之间的常住外来人口占全部常住人口的比例最高,达到 61.8%,而四环内常住外来人口占比仅约为 32.1%。

另外还可发现部分区域明显出现"倒挂"现象:单元内外来人口比例超过 50% 的乡镇街道办(图中最深颜色色块),重点分布在从西北五环内顺时针至东南五环外的"倒 C"状地带。其中倒挂最明显的乡镇街道办是位于西北四环附近的万柳地区(82%)以及位于东南四环和东五环之间的十八里店(77%)。北京常住外来人口比例分布如图 7.3 所示。

图 7.3 北京常住外来人口比例分布(见彩插)

以本地人为主的乡镇街道办主要分布在四环内以及西南四环外的区域,与图 7.1 反映出的特征一致,甚至更加显著。

分析以上数据可知,北京本地人(拥有北京户籍的人口)大部分还是住在繁华的"城里",尽管存在人口疏解措施,但截至 2010 年,四环以内北京本地人为主的人口结构并没有改变。

2. 视角二:外来人才分布

对于特大城市的政府而言,在限制外来人口的同时对所谓外来人才通常持欢迎态度。那么,是否意味着,外来人才会住在北京靠近市中心一带?

由于缺乏外来人才的官方统计口径,为了观察他们的分布,可以用"拥有大学及以上学历的青年人"来分析。某电商的用户画像数据分析了 20~30 岁大学及以上学历的工作人群在京的分布情况。

以交通分析小区为单元,数据统计了外来人才在京居住和就业分布(排除样本量过小的单元):颜色越绿代表外来人才比例较高,越红代表本地人才比例较高。外来人才在京居住、就业比例分布如图 7.4 所示。

(a) 外来人才在京居住比例分布

(b) 外来人才在京就业比例分布

图 7.4　外来人才在京居住、就业比例分布(见彩插)

总体上看,没有本地人才绝对主导的区域,却有一些居住单元或就业单元中青年人才中 90% 以上是外地人。

统计发现,外来人才大量安居(或租住)在海淀区东部和北部、朝阳、顺义、通州、亦庄、大兴等区域,在城市北、东、南的 3 个方位形成一个"倒 C"的包围圈。尤其是在回龙观、天通苑、沙河、宋庄以及黄村等部分区域,如果遇到一个有大学以上学历的青年人,那么他有 90% 以上的可能会是外地人。

在北京,外来青年人才平均每天通勤距离近 20 千米,他们从事信息技术、软件、互联网、新材料和新型制造业等高新技术行业的工作;而北京本地的青年人才更多居住在东城、西城、海淀西南部、丰台东南和河西、门头沟、房山等区域,呈带状分布。

图 7.4 中本地青年人才居住比例(即青年人才中本地人比例)最高的单元是长辛店(63%)和苹果园(55%);在中心城区,本地青年人才居住比例最高的单元依次是新街口(55%)、右安门(54%)、景山(52%)以及大栅栏(50%)。就业方面,本地青年人才比例最高的单元依然是长辛店(56%)和苹果园(55%),三环内中心区域本地人才就业比例较高的单元有交道口(54%)、大栅栏(53%)、白纸坊(52%)、东铁匠营(52%)和展览路(51%)。

大体上看,在国家部委、机关事业单位、文化、医疗和商贸等岗位密集的区域,本地人才比例稍高;在金融、教育、科研和文创产业等行业密集的区域,本地与外地人才的比例相似。

由此可见,尽管政府欢迎外来人才,但外来人才中的大部分人却并未靠近市中心一带。

说明:本视角观察的本地人才和外来人才并未覆盖城市的全部人口,而是 20~30 岁已毕业的具有大学及以上学历的群体。此外,与常住外来人口的户籍区分方式不同,此处的本地人才和外来人才主要按照出生地来分辨。

3. 视角三:短期来京者的分布

以上两个视角观察的都是定居北京或在京长期就业的外来人口,至此,编者并未发现显著的"外来人口主导北京城"的现象,尤其是东城区和西城区的常住人口和就业人群里,北京本地人占绝大多数。

但是,为什么在很多人印象中北京城里四处都是有着异地口音的外地人? 实际上,北京城的活动人群中,有大量短期外来人员,如游客、探亲访友者、来京出差的商务人士等,他们并没有出现在上述统计中。

为了观察这类人群的分布特征,利用"人迹地图"大数据平台并依托 2015 年某普通工作日定位数据,编者对北京市东城区和西城区以及短期外来人员较多的热门吸引点,以交通分析小区为单元进行了分析,识别了常住地在北京的人和常住地不在北京的短期来京者,观察他们一日内(上午、下午和夜间)在北京的分布情况。这些热门地点可分为办公、商业、景点、对外枢纽和批发市场五大类。

从整体上看,排除短期外来人员集中的机场、火车站等对外交通枢纽,白天的国贸区域是短期外来人员最密集的区域,数据共观测到近 3 万人,密度约 0.8 万人每平方千米。国贸区域是北京的商务中心区,在工作日有大量出差来京的商务人士前往。同时这里也是重要的公共交通结点,据报道,国贸地铁换乘日均人流量可达 30 万人次,故该区域观测到的人口数据在一定程度上受到地铁、公交客流影响。

八达岭长城全天观测到 1.6 万短期外来人员,不过由于占地面积广阔,八达岭长城的人员密度并不高;天安门区域虽然观测到的短期外来人员绝对数量不算靠前,却是短期外来人员密度最高的区域;王府井在数量和密度上都位居前列。代表性吸引点全天短期外来人员观测数量和密度如图 7.5 所示。

下面将进一步按照上午、下午和晚上对各类吸引点单元进行详细分析。

图 7.5　代表性吸引点全天短期外来人员观测数量和密度

1）东城区和西城区

从东城区和西城区全区来看，在该工作日的上午，东城区总共观测到约 127 万人，其中短期外来人员约占 16.7%；西城区总共观测到约 140 万人，短期外来人员约占 18.9%。下午与夜间的比例与上午相似。也就是说，工作日在北京市东城区和西城区出现的人当中，每五个人就有一个是短期外来人员。

2）办公类

国贸区域上午观测到人口 21 万人，下午则增加至 23 万人。如果某人这个工作日白天出行目的地是国贸，那么他在这边遇到的人里，有 13% 大概率是短期外来人员；到了夜间，短期来京者比例将增加至 23%，这是因为虽然在京定居的商务精英下班会离开 CBD，但不少外来的商旅人士则会选择在 CBD 区域的商务酒店里住宿。国贸的人迹地图热力图如图 7.6 所示。

3）景点类

天安门向来是外地游客必去的景点，在观测的 33 个热门吸引点中，这里是唯一出现过短期外来人员比例高于本地人现象的地点。在这个工作日的上午，这里观测到 1.4 万人，其中有 52% 是短期来京者；到了下午，在天安门区域的可识别人数减少了 4000 人，短期来京者的比例也下降到了 38%。天安门是游客游览故宫的入口，大多数游客会选择早上进入故宫，此外，这里早上有万众瞩目的升国旗仪式，所以，如果这天早上来到天安门，在遇到的路人里，外地游客的概率会大于北京市民的概率。天安门的人迹地图热力图如图 7.7 所示。

跟天安门相反，南锣鼓巷下午更吸引游客，且更吸引本地游客，而短期来京者比例并不高。编者在该日上午共观测到 2 万人，下午增至 2.5 万人，其中，短期来京者的比例从上午的 14% 增至下午的 15%，到了夜间，短期来京者比例进一步增至 17%。

颐和园占地面积较大，游客往往要花费一整天才能走完。因此，上午和下午编者观测的人数在 1.6 万人左右浮动，并没有太大变化。其中短期外来人员比例也很高：在擦肩而过的游人中，有 40% 可能是外地游客。而前文提到的八达岭长城，白天编者观测到 4.2

图 7.6　国贸的人迹地图热力图

图 7.7　天安门的人迹地图热力图

万人,外地游客比例同样在 40% 左右。

4）商业类

作为老牌商业中心,西单商圈同样是吸引短期来京者的重要地点。在该工作日的上午,编者在西单观测到 3.4 万人,下午增至将近 4.8 万人,其中短期来京者的比例在 18%

左右。到了夜间,随着北京市民开始离开西单回家,短期来京者的比例增至 28%。由此可以推测,很多来京出差、旅游的人会选择住在生活和交通都很便利的西单附近住宿。西单的人迹地图热力图如图 7.8 所示。

图 7.8　西单的人迹地图热力图

编者在王府井共观测到 4 万人,上午和下午总人数基本没有差异,其中有 40% 是短期来京者,这一比例远高于西单;到了夜间,依然有 30% 的短期来京者住宿在这里。由此看来,同样是国家级商业中心,王府井对外地人的吸引力比西单更高,西单还是以服务本地市民为主。

5) 对外枢纽类

在对外交通枢纽中,首都机场、北京站的短期外来人员比例在 30%～35% 之间;北京西站略高,约在 45% 左右;而北京南站的情况则比较特殊,通过数据发现,这里的短期来京者比例非常低,全天都维持在 15% 左右,与其他火车站以及首都机场相比相差甚大。这是否说明,北京南站这个价格稍高的高铁站更多是为进出北京的北京市民服务? 不过,在北京南站观测到的人口数量相比起其全天吞吐量而言样本量太少,未来编者会寻找其他数据源来验证这个结论。北京站和北京南站本地和外来人员对比如图 7.9 所示。

图 7.9　北京站和北京南站本地和外来人员对比

6）批发市场类

在很多人印象里,批发市场是外地人密集的区域。

位于西南四环外的新发地农产品批发市场白天观测到 3 万人左右,短期来京者约占 25％;到了夜间,短期来京者的比例则增至 29％。这是因为从晚上 11 点到次日凌晨 6 点,北京才允许外地车辆进城,新发地作为农产品批发市场,每天都有很多外地车辆夜间送货到这里。新发地的人迹地图热力图如图 7.10 所示。

图 7.10　新发地的人迹地图热力图

从数据来看,批发市场服务的对象仍是北京市民——尽管目前还难以分辨这里面有多大比例是北京户籍。

经过以上分析可知,"北京首都化的过程就是外地人进三环,北京土著出五环的过程"这个说法并不正确。无论常住外来人口还是外来人才都主要集中在城市北、东、南 3 个区域的四环、五环外围,四环以内仍以本地人为主,外来人才从事的行业与本地人才从事的行业也开始产生了一定分化。可见北京的新城和边缘集团(市区中心地区以外的地方)建设还是明显起到了截留外来人口的作用——当然,城里高昂的房价和房租的作用也不容忽视。

在二环以内、商务中心区以及主要旅游景点,有相当比例的人是短期外来人员,比例基本在 20％以上,在某些时刻、某些区域这一比例甚至超过 50％。这些短期来京者使北京市民产生某种错觉——北京城里外来人口太多。

近年来,北京开始疏解城六区的"非首都功能",但在城里的居住者和就业者主体上还是北京本地人。旅游景点、商业中心和商务中心区是搬不走的,那么,当北京本地市民随着他们的安置房以及岗位而被疏解到新城和北京周边,那些留在北京城里的人们就会有更高的概率与来自祖国各地的同胞擦肩而过,届时他们或许会想——是不是疏解力度还不够?

◇ 习题与思考题

一、选择题

1. 以下( )管理规定对信息安全及个人隐私进行了保护。

　　A.《互联网行业的自律公约》　　　　B.《治安管理处罚条例》

　　C.《关于加强网络信息保护的决定》　　D.《信息安全保护条例》

2. 在大数据时代,需要设立一个不一样的隐私保护模式,这个模式应该更着重于( )为其行为承担责任。

　　A. 数据使用者　　　B. 数据提供者　　　C. 个人许可　　　D. 数据分析者

3. 云安全主要考虑的关键技术有( )。

　　A. 数据安全　　　B. 应用安全　　　C. 虚拟化安全　　　D. 服务器安全

4. 下列关于网络用户行为的说法中,错误的是( )。

　　A. 网络公司能够捕捉到用户在网站上的所有行为

　　B. 用户离散的交互痕迹能够为企业提升服务质量提供参考

　　C. 数字轨迹用完即会被自动删除

　　D. 用户的隐私安全很难得以规范保护

5. 下列论据中,能够支撑"大数据无所不能"观点的是( )。

　　A. 互联网金融打破了传统的观念和行为

　　B. 大数据存在泡沫

　　C. 大数据具有非常高的成本

　　D. 个人隐私泄露与信息安全担忧

6. 促进隐私保护的一种创新途径是( ):故意将数据模糊处理,促使他人对大数据库的查询不能显示精确的结果。

　　A. 匿名化　　　B. 信息模糊化　　　C. 个人隐私保护　　　D. 差别隐私

二、问答题

1. 大数据面临哪些方面的安全问题?

2. 简述基于大数据的威胁发现技术。

3. 有哪些基于大数据的认证技术?

4. 简述大数据安全的防护策略。

第三部分　大数据前沿技术及应用

第8章

大数据前沿技术及应用概述

◆ 8.1　大数据技术发展趋势

随着人们对大数据的不断发展和研究,大数据技术各个环节的发展呈现出新的趋势和挑战。中国计算机学会(China Computer Federation,CCF)大数据专家委员会曾发布《中国大数据技术与产业发展报告(2015)》(以下简称"报告"),对中国大数据发展趋势进行了展望,主要包含以下6方面。

1. 可视化推动大数据平民化

近几年大数据概念深入人心,大众直接看到的大数据更多是以可视化的方式体现。可视化能把复杂的数据转化为可以交互的图形,帮助用户更好地理解分析数据对象,发现、洞察其内在规律。

可视化实际上已经极大拉近了大数据和普通民众的距离,即使对IT技术不了解的普通民众和非技术专业的常规决策者也能够通过该方式更好地理解大数据及其分析的效果和价值,从而可以使大数据从国计、民生两方面充分发挥价值。

报告建议在大数据相关的研究、开发和应用中保持相应的比例用于可视化和可视分析。

2. 多学科融合与数据科学的兴起

大数据技术是多学科、多技术领域的融合,数学和统计学、计算机类技术、管理类等都有涉及,大数据应用更是与多领域产生交叉。这种多学科之间的交叉融合呼唤并催生了专门的基础性学科——数据学科。

基础性学科的夯实将让学科的交叉融合更趋完美。在大数据领域,许多相关学科从表面上看研究的方向大不相同,但是从数据的视角看它们,其实是相通的。随着社会的数字化程度逐步加深,越来越多的学科在数据层面趋于一致,使诸研究者可以采用相似的思想进行统一研究。

从事大数据研究的人不仅包括计算机领域的科学家,也包括数学等方面的科学家。报告希望业界对大数据的边界采取一个更宽泛、更包容的姿态,包容所谓的"小数据",甚至将领域的边界泛化到"数据科学"所对应的整个数据领域和数据产业。

报告建议学界、业界共同支持"数据科学"的基础研究,并努力将基础研究的成果导入技术研究和应用的范畴中。

3. 大数据安全与隐私令人忧虑

大数据带来的安全与隐私问题主要包括以下 3 方面。

(1) 大数据所受到的威胁也就是常说的安全问题。当大数据技术、系统和应用聚集了大量价值时,其必然成为被攻击的目标。

(2) 大数据的滥用所带来的问题和副作用。比较典型的就是个人隐私泄露,还包括大数据分析带来的商业秘密泄露和国家机密泄露。

(3) 心智和意识上的安全问题。大数据的威胁、副作用、对大数据的极端心智都会阻碍和破坏大数据的发展。

报告建议在大数据相关的研究和开发中保持一个基础的比例用于相对应的安全研究,而让安全方面产生实质性进步的驱动力可能是对大数据的攻击和滥用的负面研究。

4. 新热点融入大数据多样化处理模式

大数据的处理模式更加多样化,Hadoop 不再是构建大数据平台的必然选择。在应用模式上,大数据处理模式如批量处理、流式计算、交互式计算等技术面向不同的需求场景,将持续丰富和发展。

在实现技术上,内存计算将继续成为提高大数据处理性能的主要手段,相对传统的硬盘处理方式,大数据技术在性能上有了显著提升,特别是开源项目 Spark 目前已经被大规模应用于实际业务环境中,并发展成为大数据领域最大的开源社区。Spark 拥有流计算、交互查询、机器学习、图计算等多种计算框架,支持 Java、Scala、Python、R 等语言接口,使数据使用效率大大提高,吸引了众多开发者和应用厂商的关注。

值得说明的是,Spark 系统可以信赖 Hadoop 平台构建,也可以脱离 Hadoop 平台独立运行。很多新的技术热点持续地被融入大数据的多样化模式中,形成一个更加多样、平衡的发展路径,满足大数据的多样化需求。

报告建议将大数据研究和开发有意识地连接和融入大数据技术生态中,或者利用技术生态的成果,或者回馈技术生态。

5. 深度分析推动大数据智能应用

在学术技术方面,深度分析会继续成为一个代表而不断推动整个大数据智能的应用。这里谈到的智能,尤其强调是涉及人的相关能力延伸,例如,决策预测、精准推荐等。这些涉及人的思维、影响、理解的延展都将成为大数据深度分析的关键应用方向。

相比传统机器学习算法,深度学习提出了一种让计算机自动学习产生特征的方法,并将特征学习融入建立模型的过程中,从而减少人为设计特征引发的缺陷。深度学习可借助深层次神经网络模型,能够更加智能地提取数据不同层次的特征,对数据进行更加准确、有效的表达。而且训练样本数量越大,深度学习算法相对传统机器学习算法就越有优势。

目前,深度学习已经在容易积累训练样本数据的领域(如图像分类、语音识别、问答系统等应用中)获得了重大突破,并取得了成功的商业应用。随着越来越多的行业和领域逐步完善数据的采集和存储,深度学习的应用会更加广泛。由于大数据应用的复杂性,多种方法的融合将是常态。

报告建议保持对智能技术发展的持续关注,在各自的分析领域(如在策划阶段、技术层面、实践环节等)尝试深度学习。

6. 开源、测评、大赛催生良性人才与技术生态

大数据技术的发展依赖的是应用驱动与技术发力,技术与应用一样至关重要。决定技术的是人才及其技术生产方式。开源系统将成为大数据领域的主流技术和系统选择。以 Hadoop 为代表的开源技术拉开了大数据技术的序幕,大数据应用的发展又促进了开源技术的进一步发展。开源技术的发展降低了数据处理的成本,引领了大数据生态系统的蓬勃发展,同时也给传统数据库厂商带来了挑战。新的替代性技术,都是新技术生态对于旧技术生态的侵蚀、拓展和进化。

对数据处理的能力、性能等进行测试、评估、标杆比对的第三方形态出现,并逐步成为热点。相对公正的技术评价有利于优秀技术占领市场,驱动优秀技术的研发生态。各类创业创新大赛纷纷举办,为人才的培养和选拔提供了新模式。大数据技术生态是一个复杂环境。在可以展望的时间内,"开源"会一如既往占据主流,而测评和大赛将形成突破性发展。

◈ 8.2　机 器 学 习

机器学习(machine learning,ML)这个词是让人疑惑的,首先它是英文单词的直译,在计算界 machine 一般指计算机。这个名字使用了拟人的手法,说明了这门技术是让机器"学习"的技术。但是计算机是死的,怎么可能像人类一样"学习"呢?

传统意义上,如果想让计算机工作,给它一串指令,然后计算机会遵照这串指令一步步执行下去,有因有果,非常明确。但这样的方式在机器学习中行不通。机器学习根本不接受输入的指令,但是,它接受输入的数据。也就是说,机器学习是一种让计算机利用数据而不是指令来进行各种工作的方法。这听起来非常不可思议,但结果却是非常可行的。"统计"思想将在人们学习"机器学习"相关理念时无时无刻地伴随,相关而不是因果的概念将是支撑机器学习能够工作的核心概念。这会颠覆人们在以前所有程序中建立的因果无处不在的根本理念。

8.2.1　机器学习的定义和例子

从广义上来说,机器学习是一种能够赋予机器学习的能力以此让它完成直接编程无法完成的功能的方法。但从实践的意义上来说,机器学习是一种通过数据训练模型,然后使用模型预测的方法。

具体来看一个有关房价的例子,见图 8.1。

图 8.1　房价的例子

拿房价来说,现在某房地产公司有一栋房子需要售卖,此时应该给它标上多高的价格? 房子的面积是 100m²,价格是 100 万元、120 万元,还是 140 万元?

很显然,我们希望获得房价与面积的某种规律。那么该如何获得这个规律? 用报纸上的房价平均数据吗? 还是参考别人面积相似的房子? 无论哪种,似乎都不合适。

我们现在希望获得一个合理的,并且能够最大限度地反映面积与房价关系的规律。于是我们调查了周边与公司房型类似的一些房子,获得一组数据。这组数据中包含了大大小小房子的面积与价格,如果能从这组数据中找出面积与价格的规律,那么就可以得出房子的价格。

对规律的寻找很简单,拟合出一条直线,让它"穿过"所有的点,并且与各个点的距离尽可能小。

通过这条直线能够得出一个反映房价与面积的最佳规律。这条直线同时也是一个下式所表明的函数:

$$房价=面积×a+b$$

其中,a、b 都是直线的参数。获得这些参数以后,就可以计算出房子的价格。

假设 $a=0.75$,$b=50$,则房价$=100×0.75+50=125$(万元)。这个结果与前面所列的 100 万元、120 万元、140 万元都不一样。由于这条直线综合考虑了大部分的情况,因此从"统计"意义上来说,这是一个最合理的预测。

在求解过程中透露出了两个信息。

(1) 房价模型是由拟合的函数类型决定的。

如果是直线,那么拟合出的就是直线方程。如果是其他类型的线,如抛物线,那么拟合出的就是抛物线方程。机器学习有众多算法,一些强力算法可以拟合出复杂的非线性模型,用来反映一些非直线所能表达的情况。

(2) 数据越多,模型就越能够考虑到越多的情况,由此对于新情况的预测效果可能就越好。

这是机器学习界"数据为王"思想的一个体现。一般来说,数据越多,最后机器学习生成的模型预测的效果越好。

通过拟合直线的过程可以对机器学习过程做一个完整的回顾。首先,需要在计算机中存储历史的数据。其次,将这些数据通过机器学习算法进行处理,这个过程在机器学习中叫作"训练"，处理的结果可以用来对新的数据进行预测，这个结果一般称为"模型"。对新数据的预测过程在机器学习中叫作"预测"。"训练"与"预测"是机器学习的两个过程，"模型"则是过程的中间输出结果，"训练"产生"模型"，"模型"指导"预测"。

将机器学习的过程与人类对历史经验归纳的过程做个比对，如图 8.2 所示。

图 8.2　机器学习的过程与人类对历史经验归纳过程的类比

人类在成长、生活过程中积累了很多的历史与经验。人类定期地对这些经验进行"归纳"，获得了生活的"规律"。当人类遇到未知问题或需要对未来进行"推测"时就会使用这些"规律"，对未知问题与未来进行"推测"，从而指导自己的生活和工作。

机器学习中"训练"与"预测"的过程可以对应到人类的"归纳"和"推测"过程。通过这样的对应可以发现，机器学习的思想并不复杂，仅是对人类在生活中学习成长的模拟。由于机器学习不是基于编程形成的结果，因此它的处理过程不是因果逻辑，而是通过归纳思想得出的相关性结论。

这也可以让人联想到人类为什么要学习历史，历史实际上是人类过往经验的总结。有句话说得很好，"历史往往不一样，但历史总是惊人的相似"。通过学习历史，能够从历史中归纳出人生与国家的规律，从而指导人类的行为，这是具有极大价值的。

8.2.2　机器学习的范围

在 8.2 节机器学习的定义和例子中虽然说明了机器学习是什么，但是并没有给出机器学习的范围。

其实，机器学习跟模式识别、统计学习、数据挖掘、计算机视觉、语音识别、自然语言处理等领域有着很深的联系。

从范围上来说，机器学习跟模式识别、统计学习、数据挖掘是类似的，同时，机器学习与其他领域的处理技术的结合，形成了计算机视觉、语音识别、自然语言处理等交叉学科。因此，一般说数据挖掘等同于说机器学习。同时，人们平常所说的机器学习应用应该是通用的，不仅局限在结构化数据，还有图像、音频等应用。

本节对机器学习相关领域的介绍有助于人们厘清机器学习的应用场景与研究范围，更好地理解后面的算法与应用层次。

图 8.3 是机器学习涉及的学科与研究领域。

图 8.3　机器学习与相关学科

1. 模式识别

模式识别和机器学习两者的主要区别在于前者是从工业界发展起来的概念,后者则主要源自计算机学科。在著名的 *Pattern Recognition And Machine Learning* 这本书中,Christopher M. Bishop 在开头就是这样说的。它们中的活动可以被视为同一个领域的两方面,同时在过去的 10 年间,它们都有了长足的发展。

2. 数据挖掘

数据挖掘＝机器学习＋数据库。这几年数据挖掘的概念实在是令人耳熟能详,但凡说数据挖掘都会宣称数据挖掘的优点,例如从数据中挖出"金子",以及将废弃的数据转化为价值,等等。但是,尽管数据挖掘可能会挖出"金子",但也可能挖出的是"石头"。这个说法的意思是,数据挖掘仅仅是一种思考方式,告诉人们应该尝试从数据中挖掘出知识,但不是每个数据都能挖掘出"金子"的,所以不要神话它。一个系统绝对不会因为加上了一个数据挖掘模块就变得无所不能,恰恰相反,一个拥有数据挖掘思维的人员才是关键,而且他还必须对数据有深刻的认识,这样才可能从数据中导出模式指引业务的改善。大部分数据挖掘中的算法是机器学习的算法在数据库中的优化。

3. 统计学习

统计学习近似于机器学习。统计学习是与机器学习高度重叠的学科。因为机器学习中的大多数方法来自统计学,甚至可以认为,统计学的发展促进了机器学习的繁荣昌盛,例如,著名的支持向量机算法就是源自统计学科。但是在某种程度上两者是有分别的,这个分别在于:统计学习者重点关注的是统计模型的发展与优化,偏数学;而机器学习者更关注的是能够解决问题,偏实践。因此,机器学习研究者会重点研究学习算法在计算机上执行的效率与准确性的提升。

4. 计算机视觉

计算机视觉＝图像处理＋机器学习。图像处理技术用于将图像处理为适合进入机器学习模型中的输入,机器学习则负责从图像中识别出相关的模式。计算机视觉相关的应用非常多,如百度识图、手写字符识别、车牌识别等。这个领域的应用前景非常光明,同时也是研究的热门方向。随着深度学习的发展,大大促进了计算机图像识别的效果。因此,未来计算机视觉界的发展前景不可估量。

5. 语音识别

语音识别=语音处理+机器学习。语音识别就是音频处理技术与机器学习的结合。语音识别技术一般不会单独使用,一般会结合自然语言处理的相关技术。目前的相关应用有苹果公司的语音助手 Siri 等。

6. 自然语言处理

自然语言处理=文本处理+机器学习。自然语言处理技术主要是让机器理解人类的语言的领域。在自然语言处理技术中,大量使用了与编译原理相关的技术,例如,词法分析、语法分析等,除此之外,在理解这个层面,则使用了语义理解、机器学习等技术。作为唯一由人类自身创造的符号,自然语言处理一直是机器学习界不断研究的方向。如何利用机器学习技术进行自然语言的深度理解,一直是工业和学术界关注的焦点。

可以看出,机器学习在众多领域的外延和应用。机器学习技术的发展促使了很多智能领域的进步,改善着人们的生活。

8.2.3　机器学习的算法

通过 8.2.2 节机器学习的介绍,知晓了机器学习的大致范围,那么机器学习里面究竟有多少经典的算法呢?本节简要介绍机器学习中的经典代表算法。这部分介绍的重点是这些算法内涵的思想,数学与实践细节不会在这讨论。

1. 回归算法

在大部分机器学习课程中,回归算法都是第一个介绍的算法。原因有两个:第一,回归算法比较简单,介绍它可以让人们平滑地从统计学迁移到机器学习中;第二,回归算法是后面若干强大算法的基石,如果不理解回归算法,则无法学习那些强大的算法。回归算法有两个重要的子类:线性回归和逻辑回归。

线性回归就是前面说过的房价求解问题。如何拟合出一条直线最佳匹配所有的数据?一般使用"最小二乘法"来求解。"最小二乘法"的思想是这样的:假设拟合出的直线代表数据的真实值,而观测到的数据代表拥有误差的值。为了尽可能减小误差的影响,需要求解一条直线使所有误差的平方和最小。最小二乘法将最优问题转化为求函数极值问题。函数极值在数学上一般会采用求导数为 0 的方法。但这种做法并不适合计算机,可能求解不出来,也可能计算量太大。

计算机科学界有一个学科叫"数值计算",专门用来提升计算机进行各类计算时的准确性和效率问题。例如,著名的"梯度下降法"以及"牛顿法"就是数值计算中的经典算法,也非常适合来处理求解函数极值的问题。梯度下降法是解决回归模型中最简单且有效的方法之一。从严格意义上来说,由于下面介绍的神经网络和推荐算法中都有线性回归的因子,因此梯度下降法在后面的算法实现中也有应用。

逻辑回归是一种与线性回归非常类似的算法,但是,从本质上讲,线性回归处理的问题类型与逻辑回归不一致。线性回归处理的是数值问题,也就是最后预测出的结果是数字,例如房价。而逻辑回归属于分类算法,也就是说,逻辑回归预测结果是离散的分类,例如判断一封邮件是否是垃圾邮件,以及用户是否会点击一广告等。

在实现方面,逻辑回归只是对线性回归的计算结果加上一个 Sigmoid 函数,将数值结果转化为了 0~1 的概率(Sigmoid 函数的图像一般来说并不直观,只需要理解数值越大,函数越逼近 1;数值越小,函数越逼近 0),根据这个概率可以进行预测,例如,概率大于 0.5,则这封邮件就是垃圾邮件,或者肿瘤就是恶性的等。从直观上来说,逻辑回归是画出了一条分类线,如图 8.4 所示。

图 8.4　逻辑回归的直观解释

假设有一组肿瘤患者的数据,这些患者的肿瘤中有些是良性的(图中的○点),有些是恶性的(图中的×点)。这里肿瘤的○和×点可以被称作数据的"标签"。同时每个数据包括两个"特征":患者的年龄与肿瘤的体积。将这两个特征与标签映射到这个二维空间上,形成了图 8.4 的数据。

当有一个其他点时,那该判断这个肿瘤是恶性的还是良性的呢? 根据○和×点训练出了一个逻辑回归模型,也就是图中的分类线。这时,根据其他出现在分类线的右侧,因此判断它的标签应该是×点,也就是说属于恶性肿瘤。

逻辑回归算法划出的分类线基本都是线性的(也有划出非线性分类线的逻辑回归,不过那样的模型在处理数据量较大的时候效率会很低),这意味着当两类之间的界线不是线性时,逻辑回归的表达能力就不足。下面的两个算法是机器学习界最强大且重要的算法,它们都可以拟合出非线性的分类线。

2. 神经网络算法

神经网络(artificial neural network,ANN)算法是 20 世纪 80 年代机器学习界非常流行的算法,不过在 20 世纪 90 年代中途衰落。现在,携着"深度学习"之势,神经网络重装归来,重新成为最强大的机器学习算法之一。

神经网络的诞生源于对大脑工作机理的研究。早期生物界学者们使用神经网络来模拟大脑。机器学习的学者们使用神经网络进行机器学习的实验,发现在视觉与语音的识别上效果都相当好。在 BP 算法(加速神经网络训练过程的数值算法)诞生以后,神经网络的发展进入了一个热潮。BP 算法的发明人之一是机器学习专家 Geoffrey Hinton。

神经网络的学习机理是什么？简单来说,就是分解与整合。在著名的 Hubel-Wiesel 实验中,学者们研究猫的视觉分析机理如图 8.5 所示。

图 8.5　Hubel-Wiesel 实验与大脑视觉机理

例如,一个正方形,分解为四个折线进入视觉处理的下一层中。四个神经元分别处理一个折线。每个折线再继续被分解为两条直线,每条直线再被分解为黑白两个面。于是,一个复杂的图像变成了大量的细节进入神经元,神经元处理以后再进行整合,最后得出了看到的是正方形的结论。这就是大脑视觉识别的机理,也是神经网络工作的机理。

来看一个简单的神经网络的逻辑架构。在这个网络中,分成输入层、隐藏层和输出层。输入层负责接收信号,隐藏层负责对数据的分解与处理,最后的结果被整合到输出层。每层中的一个圆代表一个处理单元,可以认为是模拟了一个神经元,若干处理单元组成了一个层,若干层再组成了一个网络,也就是"神经网络"。神经网络的逻辑架构如图 8.6 所示。

在神经网络中,每个处理单元事实上就是一个逻辑回归模型,逻辑回归模型接收上层的输入,把模型的预测结果作为输出传输到下一个层次。通过这一过程,神经网络可以完成非常复杂的非线性分类。

图 8.6　神经网络的逻辑架构

图 8.7 会演示神经网络在图像识别领域的一个著名应用,这个程序叫作 LeNet,是一个基于多个隐藏层构建的神经网络。通过 LeNet 可以识别多种手写数字,并且达到很高的识别精度与拥有较好的鲁棒性。

图 8.7　LeNet 的效果展示

右下方的方形中显示的是输入计算机的图像,方形上方的红色字样 answer 后面显示的是计算机的输出,左边的 3 列图像列显示的是神经网络中 3 个隐藏层的输出。可以看出,随着层次的不断深入,越深的层次处理的细节越低,例如,层 3 基本处理的都已经是线的细节了。LeNet 的发明人是 Yann LeCun。

进入 20 世纪 90 年代,神经网络的发展进入了一个瓶颈期,其主要原因是尽管有 BP 算法的加速,神经网络的训练过程仍然很困难。因此,20 世纪 90 年代后期,支持向量机算法取代了神经网络的地位。

3. 支持向量机算法

支持向量机算法诞生于统计学习界,同时也是在机器学习界大放光彩的经典算法。

支持向量机算法从某种意义上来说是逻辑回归算法的强化:通过给予逻辑回归算法更严格的优化条件,支持向量机算法可以获得比逻辑回归更好的分类界线。如果没有某类函数技术,则支持向量机算法最多算是一种更好的线性分类技术。

但是,通过与高斯"核"的结合,支持向量机可以表达出非常复杂的分类界线,从而达到很好的分类效果。"核"事实上就是一种特殊的函数,最典型的特征就是可以将低维的空间映射到高维的空间,如图 8.8 所示。

如何在二维平面划分出一个圆形的分类界线?在二维平面可能会很困难,但是通过"核"可以将二维空间映射到三维空间,然后使用一个线性平面就可以达到类似效果。也就是说,二维平面划分出的非线性分类界线可以等价于三维平面的线性分类界线。于是,可以通过在三维空间中进行简单的线性划分就可以达到在二维平面中的非线性划分效果,如图 8.9 所示。

图 8.8 支持向量机图例(见彩插)

图 8.9 三维空间的切割(见彩插)

支持向量机是一种数学成分极高的机器学习算法。在算法的核心步骤中,有一步证明,即将数据从低维映射到高维不会带来最后计算复杂性的提升。于是,使用支持向量机算法,既可以保持计算效率,又可以获得非常好的分类效果。因此,支持向量机在 20 世纪 90 年代后期一直占据着机器学习中最核心的地位,基本取代了神经网络算法。直到现在神经网络借着深度学习重新兴起,两者之间才又发生了微妙的平衡转变。

4. 聚类算法

前面的算法中的一个显著特征就是在训练数据中包含了标签,训练出的模型可以对其他未知数据预测标签。在下面的算法中,训练数据都是不含标签的,而算法的目的则是通过训练,推测出这些数据的标签。这类算法有一个统称,即无监督算法(前面有标签的数据的算法则是有监督算法)。无监督算法中最典型的代表就是聚类算法。

还是拿一个二维的数据举例,某一个数据包含两个特征。如果希望通过聚类算法给它们中不同的种类打上标签,该怎么做呢? 简单来说,聚类算法就是计算种群中的距离,根据距离的远近将数据划分为多个族群。

聚类算法中典型的代表就是 K-Means 算法。

5. 降维算法

降维算法也是一种无监督学习算法,其主要特征是将数据从高维降低到低维层次。在这里,维度其实表示的是数据的特征量的大小,例如,房价包含房子的长、宽、面积与房间数量四个特征,也就是维度为四维的数据。可以看出,长与宽事实上与面积表示的信息重叠了,如面积=长 × 宽。通过降维算法就可以去除冗余信息,将特征减少为面积与房间数量两个特征,即从四维的数据压缩到二维。于是可以将数据从高维降低到低维,不仅利于表示,同时在计算上也能带来加速。

降维过程中减少的维度属于肉眼可视的层次,同时压缩也不会带来信息的损失。如果肉眼不可视,或者没有冗余的特征,降维算法也能工作,不过这样会带来一些信息的损失。但是,通过数学可以证明降维算法从高维压缩到的低维中最大限度地保留了数据的信息。因此,使用降维算法仍然有很多的好处。

降维算法的主要作用是压缩数据与提升机器学习其他算法的效率。通过降维算法,可以将具有几千个特征的数据压缩至若干特征。另外,降维算法的另一个好处是数据的可视化,如将五维的数据压缩至二维,然后可以用二维平面来可视。降维算法的主要代表是主成分分析算法。

6. 推荐算法

推荐算法是目前业界非常流行的一种算法,在电商界(如亚马逊、天猫、京东等)得到了广泛的运用。推荐算法的主要特征就是可以自动向用户推荐他们感兴趣的东西,从而增加购买率,提升效益。推荐算法有两个主要的类别。

一类是基于物品内容的推荐。这是将与用户购买的内容近似的物品推荐给用户,这样的前提是每个物品都得有若干标签才可以找出与用户购买物品类似的物品,这样推荐的好处是物品间关联程度较大,但是由于每个物品都需要贴标签,因此工作量较大。

另一类是基于用户与用户之间的相似度的推荐。这是将与目标用户兴趣相同的其他用户购买的东西推荐给目标用户。例如,小 A 曾购买了物品 B 和 C,经过算法分析,发现另一个与小 A 近似的用户小 D 购买了物品 E,于是将物品 E 推荐给小 A。

两类推荐都有各自的优缺点,在一般的电商应用中,一般是两类混合使用。推荐算法中较有名的算法就是协同过滤算法。

7. 其他

除了以上算法之外,机器学习界还有其他的如高斯判别、朴素贝叶斯、决策树等算法。但是以上列举的 6 个算法是使用最多、影响最广、种类最全的典型。机器学习界的一个特色就是算法众多,百花齐放。

下面做一个总结,按照训练的数据有无标签,可以将上面算法分为监督学习算法和无监督学习算法,但推荐算法较为特殊,它既不属于监督学习,也不属于非监督学习,是单独的一类。

监督学习算法:线性回归、逻辑回归、神经网络、支持向量机。

无监督学习算法:聚类算法、降维算法。

特殊算法:推荐算法。

除了这些算法以外,有一些算法的名字在机器学习领域中也经常出现。但它们本身并不算是一个机器学习算法,而是为了解决某个子问题而诞生的。可以理解它们为以上算法的子算法,用于大幅度提高训练过程。其中的代表算法有:梯度下降法,主要被用在线性回归、逻辑回归、神经网络、推荐算法中;牛顿法,主要被用在线性回归中;BP 算法,主要被用在神经网络中;序列最小优化算法,主要被用在支持向量机中。

8.2.4 机器学习的应用——大数据

说完机器学习的方法,下面介绍机器学习的应用。无疑,在 2010 年以前,机器学习的应用在某些特定领域发挥了巨大的作用,如车牌识别、网络攻击防范、手写字符识别等。但是,从 2010 年以后,随着大数据概念的兴起,机器学习大量的应用都与大数据高度耦合,几乎可以认为大数据是机器学习应用的最佳场景。

例如,但凡能找到的介绍大数据魔力的文章都会说大数据如何准确预测到了某些事。例如,经典的谷歌利用大数据预测了甲型 H1N1 流感在美国某小镇的暴发,如图 8.10 所示。

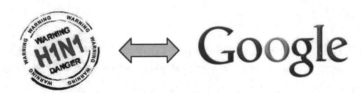

图 8.10 谷歌成功预测甲型 H1N1 流感

百度也曾经预测 2014 年世界杯的比赛结果,从淘汰赛到决赛全部预测正确。百度预测比赛的最终结果如图 8.11 所示。

这些实在太神奇了,那么究竟是什么原因导致大数据具有这些魔力的呢?简单来说,就是机器学习技术。正是基于机器学习技术的应用,数据才能发挥其魔力。

大数据的核心是利用数据的价值,机器学习的核心是利用数据价值的关键技术,对于

图 8.11 百度成功预测了 2014 年世界杯所有比赛结果

大数据而言,机器学习是不可或缺的。相反,对于机器学习而言,越多的数据会越可能提升模型的精确性,同时,复杂的机器学习算法的计算时间也迫切需要分布式计算与内存计算这样的关键技术。因此,机器学习的兴盛也离不开大数据的帮助。大数据与机器学习两者是互相促进、相依相存的关系。

机器学习与大数据紧密联系,但是,必须清楚地认识到,大数据并不等同于机器学习,同理,机器学习也不等同于大数据。大数据中包含有分布式计算、内存数据库、多维分析等多种技术。单从分析方法来看,大数据也包含以下 4 种分析方法。

① 大数据,小分析:数据仓库领域的 OLAP 分析思路,也就是多维分析思想。

② 大数据,大分析:这个代表的就是数据挖掘与机器学习分析法。

③ 流式分析:这个主要指的是事件驱动架构。

④ 查询分析:经典代表是 NoSQL 数据库。

也就是说,机器学习仅仅是大数据分析中的一种方法。尽管机器学习的一些结果具有很大的魔力,在某种场合下是大数据价值最好的说明,但这并不代表机器学习是大数据下的唯一的分析方法。

机器学习与大数据的结合产生了巨大的价值。随着机器学习技术的发展,数据能够“预测”很多事情。对人类而言,积累的经验越丰富,阅历越广泛,对未来的判断就越准确。例如,常说的“经验丰富”的人比“初出茅庐”的小伙子更有工作上的优势,就在于经验丰富的人获得的规律比他人更准确。而在机器学习领域,某个著名的实验有效地证实了机器学习界一个理论:即机器学习模型的数据越多,预测的效率就越好,如图 8.12 所示。

通过图 8.12 可以看出,各种不同算法在输入的数据量达到一定量级后,都能达到相近的高准确度。于是诞生了机器学习界的名言:成功的机器学习应用不是拥有最好的算

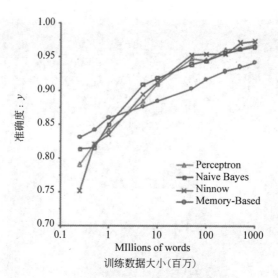

图 8.12　机器学习准确率与数据的关系

法,而是拥有最多的数据!

　　在大数据时代,有好多优势促使机器学习能够得到更广泛的应用。例如,随着物联网和移动设备的发展,人们拥有的数据越来越多,种类也包括图像、文本、视频等非结构化数据,这使得机器学习模型可以获得越来越多的数据。同时大数据技术中的分布式计算MapReduce 使机器学习的速度越来越快,可以更方便地使用更多的数据。种种优势使大数据时代机器学习的优势可以得到最佳的发挥。

◆ 8.3　深度学习

8.3.1　深度学习的概念

　　近年来,机器学习的发展产生了一个新的研究方向,即深度学习。

　　虽然"深度学习"这 4 个字听起来颇为高大上,但其理念却非常简单,就是发展到多隐藏层的传统神经网络。

　　前面介绍过,自从 20 世纪 90 年代以后,神经网络已经消寂了一段时间。但是 BP 算法的发明人 Geoffrey Hinton 一直没有放弃对神经网络的研究。由于神经网络在隐藏层扩大到两个以上后训练速度就会非常慢,因此其实用性一直低于支持向量机。2006 年,Geoffrey Hinton 在科学杂志 *Science* 上发表了一篇文章,论证了两个观点。

　　(1)多隐藏层的神经网络具有优异的特征学习能力,学习得到的特征对数据有更本质的刻画,从而有利于可视化或分类。

　　(2)深度神经网络在训练上的难度可以通过"逐层初始化"有效地克服。

　　通过这两个发现,人们不仅解决了神经网络在计算上的难度,同时也证明了深层神经网络在学习上的优异性。从此,神经网络重新成为了机器学习界中的主流强大学习技术,同时,具有多个隐藏层的神经网络被称为深度神经网络,基于深度神经网络的学习研究被称为深度学习。

深度学习的重要性质在各方面都获得了极大的关注,按照时间轴排序,有以下 4 个标志性事件值得一提。

2012 年 6 月,《纽约时报》报道了 Google Brain 项目,这个项目是由 Andrew Ng 和 MapReduce 发明人 Jeff Dean 共同主导,用 16 000 个 CPU 核心的并行计算平台训练一种称为"深层神经网络"的机器学习模型,在语音识别和图像识别等领域获得了巨大的成功。Andrew Ng 就是该报道介绍的机器学习中极有影响力的人物(图 8.13 中右者)。

图 8.13　Geoffrey Hinton 与他的学生在 Science 上发表文章

2012 年 11 月,微软公司在中国天津市的一次活动上公开演示了一个全自动的同声传译系统,讲演者用英文演讲,后台的计算机一气呵成地自动完成语音识别、英中机器翻译以及中文语音合成,效果非常流畅,支持这一实验的关键技术是深度学习。

2013 年 1 月,在百度的年会上,创始人兼 CEO 李彦宏高调宣布要成立百度研究院,其中第一个重点方向就是深度学习,并为此而成立深度学习研究院。

2013 年 4 月,《麻省理工学院技术评论》杂志将深度学习列为 2013 年十大突破性技术之首。深度学习的发展热潮如图 8.14 所示。

图 8.14　深度学习的发展热潮

本节开头所列的三位机器学习极有影响力的人物不仅都是机器学习界的专家,更是深度学习研究领域的先驱。因此,使他们担任各个大型互联网公司技术掌舵者的原因不仅在于他们的技术实力,更在于他们研究的领域是前景无限的深度学习技术。

目前业界许多的图像识别技术与语音识别技术的进步都源于深度学习的发展,除了微软公司开发的 Cortana 语音助手等,还包括一些图像识别应用,其中典型的代表就是百度识图。

深度学习属于机器学习的子类,基于深度学习的发展极大地促进了机器学习地位的提高,更进一步地推动了业界对机器学习父类人工智能梦想再次受到人们的重视。

8.3.2 深度学习的应用

深度学习是机器学习的一种,而机器学习是实现人工智能的必经路径。深度学习的概念源于人工神经网络,含多个隐藏层的多层感知器就是一种深度学习结构。深度学习通过组合低层特征形成更加抽象的高层以表示属性类别或特征,以此发现数据的分布式特征表示。研究深度学习的动机在于建立模拟人脑进行分析学习的神经网络,它模仿人脑的机制来解释数据,例如,图像、声音和文本等。深度学习的技术应用目前主要集中在图像分类、语音识别、问答系统等方面。

1. 计算机视觉

香港中文大学的多媒体实验室是最早应用深度学习进行计算机视觉研究的华人团队,在世界级人工智能竞赛 LFW(大规模人脸识别竞赛)上,该实验室曾力压脸书夺得冠军,使人工智能在该领域的识别能力首次超越真人。

2. 语音识别

微软公司的研究人员通过与 Geoffrey Hinton 合作,首先将受限玻尔兹曼机和深度信念网络引入到语音识别声学模型训练中,并且在大词汇量语音识别系统中获得巨大成功,使语音识别的错误率相对降低 30%。但是,深度神经网络还没有有效的并行快速算法,很多研究机构都是在利用大规模数据语料通过 GPU 平台提高深度神经网络声学模型的训练效率。

在国际上,IBM、谷歌等公司都快速进行了深度神经网络语音识别的研究,并且进展顺利。

国内方面,阿里巴巴、科大讯飞、百度、中国科学院自动化研究所等公司或研究单位也都进行着深度学习在语音识别方面的研究。

3. 自然语言处理等其他领域

很多机构在自然语言处理等其他领域开展研究,2013 年,Tomas Mikolov、Kai Chen、Greg Corrado、Jeffrey Dean 发表论文 *Efficient Estimation of Word Representations in Vector Space* 建立 word2vector 模型,与传统的词袋模型(bag of words model)相比,word2vector 能够更好地表达语法信息。深度学习在自然语言处理等领域主要被应用于机器翻译以及语义挖掘等方面。

❖ 8.4 人 工 智 能

人工智能是机器学习的父类。深度学习则是机器学习的子类。如果把三者的关系用图来表示,则如图 8.15 所示。

毫无疑问,人工智能(artificial intelligence,AI)是人类所能想象的科技界最突破性的发明,某种意义上来说,人工智能就像游戏最终幻想的名字一样,是人类对于科技界的最终梦想。从 20 世纪 50 年代提出人工智能的概念以来,科技界和产业界不断探索、研究。各种小说、电影都在以各自的方式展现对于人工智能的想象。人类可以发明类似人类的机器,这是多么伟大的一种理念,但事实上,自从 20 世纪 50 年代以来,人工智能的发展就磕磕碰碰,未见足够震撼的科学技术进步。

图 8.15 深度学习、机器学习、
人工智能三者关系

总结起来,人工智能的发展经历了从早期的逻辑推理到中期的专家系统等阶段,这些科研进步确实使人们离机器的智能有点接近了,但还有一大段距离。直到机器学习诞生以后,人工智能界感觉终于找对了方向。基于机器学习的图像识别和语音识别在某些垂直领域达到了跟人相媲美的程度,使人类第一次如此接近人工智能的梦想。

事实上,如果把人工智能相关的技术以及其他业界的技术做一下类比,就可以发现机器学习在人工智能中如此重要不是没有理由的。

作者认为人类与其他植物、动物的最主要区别是"智慧"。而智慧的最佳体现是什么?

是计算能力吗? 应该不是,心算速度快的人一般被称为天才。

是反应能力吗? 也不是,反应快被称作灵敏。

是记忆能力吗? 也不是,记忆好一般被称作过目不忘。

是推理能力吗? 这样的人也许智力很高,类似"福尔摩斯",但这不是智慧。

是知识能力吗? 这样的人被称赞博闻。

想想看人们一般形容谁有大智慧? 圣人,诸如庄子、老子等。智慧是对生活的感悟,是对人生的积淀与思考,这与机器学习的思想何其相似。通过经验获取规律,指导人生与未来,没有经验就没有智慧。机器学习与智慧的关系如图 8.16 所示。

那么,以计算机为前提来观察,以上的种种能力都对应种种技术。

例如,计算能力有分布式计算,反应能力有事件驱动架构,检索能力有搜索引擎,知识存储能力有数据仓库,逻辑推理能力有专家系统,但是,唯有对应智慧中最显著特征的归纳与感悟能力则只有机器学习与之对应,这是机器学习能力最能表现智慧的根本原因。

再看一下机器人的制造,在机器人具有了强大的算力、海量的存储、快速的检索、迅速的反应、优秀的逻辑推理后,如果再配合上一个强大的智慧大脑,一个真正意义上的人工

计算：云计算　　　　　推理：专家系统

灵敏：事件驱动　**智慧：机器学习**　知识：数据仓库

检索：搜索引擎

图 8.16　机器学习与智慧

智能也许就会诞生,这也是在机器学习快速发展的现在,人工智能可能不再是梦想的原因。

人工智能的发展可能不仅取决于机器学习,更取决于前面所介绍的深度学习,深度学习技术由于深度模拟了人类大脑的构成,在视觉识别与语音识别上显著地突破了原有机器学习技术的界限,因此极有可能是实现人工智能梦想的关键技术。无论是谷歌大脑还是百度大脑,都是通过海量层次的深度学习网络构成的。也许借助深度学习技术,在不远的将来,一个具有人类智能的计算机真的有可能实现。

机器学习是目前业界非常热门的一项技术,从每一次在淘宝网购物,到自动驾驶汽车技术以及网络攻击抵御系统等都有机器学习的因子在内,同时机器学习也是最有可能使人类完成人工智能梦想的技术。目前各种人工智能的应用如微软小冰聊天机器人到计算机视觉技术的进步都有机器学习努力的成分。作为一名当代计算机领域的开发或管理人员以及身处这个世界受 IT 技术带来便利的人们,最好都应该了解一些机器学习的知识与概念,因为这可以帮助大家更好地理解由此带来极大便利技术的背后原理,以及更好地理解当代科技的进程。

8.4.1　大数据时代的人工智能

2011 年至今,随着大数据、云计算、互联网、物联网等信息技术的发展(大数据、云计算、物联网和人工智能之间的关系参见图 8.17),泛在感知数据和图形处理器等计算平台推动以深度神经网络为代表的人工智能技术飞速发展,大幅跨越了科学与应用之间的“技术鸿沟”,诸如图像分类、语音识别、知识问答、人机对弈、无人驾驶等人工智能技术产品实现了从“不能用、不好用”到“可以用、较好用”的技术突破,迎来增长的新高潮。

在 21 世纪第一个十年,针对简单的人类感知和本能,人工智能技术一直处于落后或追赶的状况;而到 2011 年,在图像识别领域或常识问答比赛上,人工智能却开始表现出超过人类的水平,新的十年将会是人工智能在各个专业领域取得突破的时代。

8.4.2　人工智能的应用范例

1. 手机美容

美颜手机一般具备颠覆传统拍照效果、瞬间自动美颜的功能,如磨皮、美白、瘦脸、眼部增强、五官立体等。

图 8.17　大数据、云计算、物联网和人工智能之间的关系

2. 聊天机器人

目前,聊天机器人无处不在,可用于多种实用目的,如客户服务、娱乐游戏、系统导航或信息咨询等。有些聊天机器人会搭载自然语言处理系统,但大多简单的系统只会撷取输入的关键字,再从数据库中找寻最合适的应答句。目前,聊天机器人是虚拟助理(如谷歌智能助理)的一部分,可以供许多应用程序、网站及即时消息平台链接使用,如图 8.18所示。

图 8.18　聊天机器人

3. 新闻推荐

如同购物推荐和电影推荐那样，基于大数据分析的人工智能技术在新闻推荐领域也能大放异彩，具有巨大的商业价值。在新闻推荐领域，目前非常著名且极为成功的商业巨头非字节跳动公司莫属。北京字节跳动科技有限公司成立于 2012 年，是最早将人工智能应用于移动互联网场景的科技企业之一，其独立研发的"今日头条"客户端通过海量信息采集、深度数据挖掘和用户行为分析为用户智能推荐个性化信息，从而开创了一种全新的新闻阅读模式。

4. 在线翻译

在线翻译一般指在线翻译工具，如百度翻译（见图 8.19）、阿里翻译、有道翻译或谷歌翻译等。这类在线翻译工具主要利用计算机程序将一种自然语言（源语言）转换为另一种自然语言（目标语言），其原理是依托海量的互联网数据资源和自然语言处理技术，在海量的语料库中查找各种模式，以求解最佳翻译结果。这种基于大数据分析的在线翻译过程被称为"统计机器翻译"。各种在线翻译工具虽然已取得了一定的成就，但制约机译质量提高的瓶颈依然存在。

图 8.19　在线翻译

5. 虚拟现实（VR）

虚拟现实（virtual reality，VR）是 20 世纪中后期逐渐发展起来的一项全新技术。虚拟现实技术囊括计算机、电子信息、仿真技术于一体，其基本实现方式是用计算机模拟虚拟环境从而给人以环境沉浸感。在 VR 领域，谷歌公司于 2012 年 4 月发布了一款增强现实型穿戴式智能眼镜——谷歌眼镜（Google project glass）。谷歌眼镜集智能手机、GPS、相机功能于一身，在用户眼前展现实时信息，只要用户眨眨眼就能做到拍照上传、收发短信、查询天气路况等操作，如图 8.20 所示。

图 8.20　虚拟现实（VR）

8.4.3　人工智能概念与分类

1. 概念解析

人工智能由人工和智能两个词构成,字面意义就是人造的智能。进一步讲,人工智能可被理解为在充分了解和认识人类智能机理的基础上用人工的方法制造(创造)可以模拟和实现人类智能的实体(包括机器和其他物体)。

人工智能也叫机器智能,其基本含义是用机器(计算机或其他智能设备)模仿人类的智能行为。人工智能研究使机器具有认识问题与解决问题的能力,研究使机器具有感知功能(如视、听、嗅)、思维功能(如分析、综合、计算、推理、联想、判断、规划、决策)、行为功能(如说、写、画)及学习、记忆等功能。

所以,如果一个计算机系统具有某种学习能力,能够对有关问题给出正确的答案,而使用的方法又与人类相似,还能解释系统的智能活动,那么,这种计算机系统便被认为具有某种智能。

总体来讲,目前对人工智能的定义大多可划分为 4 个层次,即机器"像人一样思考""像人一样行动""理性地思考"和"理性地行动"。这里"行动"应广义地被理解为采取行动,或制定行动的决策,而不仅是肢体动作。

2. 共识定义与智能化分类

目前业界对人工智能普遍达成的共识定义是按照智能化程度将人工智能分为弱人工智能(artificial narrow intelligence, ANI)、强人工智能(artificial general intelligence, AGI)和超人工智能(artificial super intelligence, ASI) 3 个层面。

1) 弱人工智能

弱人工智能是指不能真正地推理和解决问题的智能机器,这些机器只不过看起来像是智能的,但是并不真正拥有智能,也不会有自主意识。弱人工智能通过对原始数据的收集、整理、清洗、分析,利用机器学习、神经网络、优化算法等技术,通过训练和学习完成分类、聚类、回归值等判断或预测计算。弱人工智能让计算机看起来会像人脑一样思考但其只是擅长单个方面的人工智能,如有能战胜世界围棋冠军的阿尔法围棋(AlphaGo),但是它只会下围棋,如果让它辨识一下猫和狗它就不知道怎么做了。目前,弱人工智能随处可见,并且一般被认为已经取得了可观的成就。

2) 强人工智能

强人工智能认为:计算机不仅是用来研究人的思维的一种工具;相反,只要运行适当的程序,计算机本身就是有思维的。强人工智能通过对原始数据的收集、整理、清洗、分析,可以让机器自我推理和解决问题,拥有自我思考的功能。因此,其指在各方面都能和人类比肩的人工智能,被认为是有可能真正能推理和解决问题的智能机器,并且这类机器将被认为是有知觉的,有自我意识的。

强人工智能可以分两类:类人的人工智能,即机器的思考和推理方式模仿的是人的思维;非类人的人工智能,即机器产生和人完全不一样的知觉和意识,使用和人完全不一样的推理方式。

3) 超人工智能

超人工智能可以在各方面都略强于人类,也可以在各方面都比人类强很多倍。超人工智能可以被视为强人工智能的终极形态。现在,人类已经使机器具备了弱人工智能。其实弱人工智能无处不在,人工智能革命正是从弱人工智能通过强人工智能最终到达超人工智能的旅途。

例如,垃圾邮件分类系统是可以帮助人们筛选垃圾邮件的弱人工智能,在线翻译是可以帮助人们翻译语言和文字的弱人工智能,AlphaGo 是一个可以战胜世界围棋冠军的弱人工智能等。这些弱人工智能算法不断融合创新,都在向通往强人工智能和超人工智能的旅途中施加强劲的动力。

◆ 8.5　大数据应用案例:神经网络——阿尔法围棋(AlphaGo)

人工神经网络是一种模仿动物神经网络行为特征的数学模型,最初的人工神经网络模型是在现代科学对人脑的理解上建立的。换言之,人工神经网络能像人类的大脑一样具有自我学习能力,会主动完善自己,以应对复杂的情况。

近些年非常著名的人工神经网络是谷歌公司推出的围棋程序 AlphaGo。一开始谷歌公司推出 AlphaGo 就将其投放到网络平台上与世界各路棋手对弈,收集数据、自我完善,甚至使之逐渐形成自己的“棋风”。随后,AlphaGo 接连击败了李世石、柯洁、聂卫平等人类顶尖棋手,曾与它交手过的人类棋手们纷纷表示,AlphaGo 像是一个滴水不漏的绝世高手,而不是冷冰冰的机器。围棋程序 AlphaGo 如图 8.21 所示。

图 8.21　围棋程序 AlphaGo

AlphaGo 是第一个击败人类职业围棋选手、战胜围棋世界冠军的人工智能机器人,由谷歌旗下 DeepMind 公司戴密斯·哈萨比斯(Demis Hassabis)领衔的团队开发,其主要工作原理是“深度学习”。

2016 年 3 月,AlphaGo 与围棋世界冠军、职业九段棋手李世石进行围棋人机大战,以

4 比 1 的总比分获胜；2016 年年末 2017 年年初，该程序在中国棋类网站上以"大师"(master)为注册账号与中日韩数十位围棋高手进行快棋对决，连续 60 局无一败绩。

2017 年 5 月，在中国乌镇围棋峰会上，它与排名世界第一的世界围棋冠军柯洁对战，以 3 比 0 的总比分获胜（见图 8.22）。围棋界公认 AlphaGo 的棋力已经超过人类职业围棋选手顶尖水平，在 GoRatings 网站公布的世界职业围棋排名中，其等级分曾超过排名人类第一的棋手柯洁。

图 8.22　在中国乌镇围棋峰会上，AlphaGo 与排名世界第一的世界围棋冠军柯洁对战

2017 年 5 月 27 日，在柯洁与 AlphaGo 的人机大战之后，AlphaGo 团队宣布 AlphaGo 将不再参加围棋比赛。2017 年 10 月 18 日，DeepMind 团队公布了最强版 AlphaGo，代号 AlphaGo Zero。

1. 李世石与 AlphaGo 人机大战

AlphaGo 的主要工作原理采用了多层的人工神经网络训练方法，一层神经网络会把大量矩阵数字作为输入，通过非线性激活方法取权重，再将产生的另一个数据集合作为输出。这就像生物神经大脑的工作机理一样通过合适的矩阵数量将多层组织链接在一起，形成神经网络"大脑"以进行精准复杂的处理，就像人们识别物体标注图像一样（见图 8.23）。

图 8.23　AlphaGo 与围棋世界冠军、职业九段棋手李世石进行围棋人机大战

AlphaGo 用到了很多新技术,如神经网络、深度学习、蒙特卡罗树搜索法等,使其实力有了实质性飞跃。美国脸书公司"黑暗森林"围棋软件的开发者田渊栋在网上发表分析文章说,AlphaGo 系统主要由几部分组成。

(1) 策略网络(policy network),给定当前局面,预测并采样下一步的走棋。

(2) 快速走子(fast rollout),其目标和策略网络一样,但在适当牺牲走棋质量的条件下,速度要比策略网络快 1000 倍。

(3) 价值网络(value network),给定当前局面,估计是白方胜率大还是黑方胜率大。

(4) 蒙特卡罗树搜索(monte carlo tree search),把以上这四部分连起来,形成一个完整的系统。

2. 两个大脑

AlphaGo 通过两个不同神经网络"大脑"合作来改进下棋策略。这些"大脑"是多层神经网络,跟那些谷歌图像搜索引擎识别图像的方法在结构上是相似的。它们从多层启发式二维过滤器开始处理围棋棋盘的定位,就像图像分类器网络处理图像一样。经过过滤,13 个完全连接的神经网络层产生对当前棋局的判断,这些层能够分类和逻辑推理。

1) 第一大脑:落子选择器(move picker)

AlphaGo 的第一个神经网络大脑是"监督学习的策略网络"(policy network),观察棋盘布局并企图找到最佳的下一步。事实上,它将预测每一个合法下一步的最佳概率,那么最前面猜测的就是那个概率最高的。这可以被理解成"落子选择器",如图 8.24 所示。

图 8.24 落子选择

2) 第二大脑:棋局评估器(position evaluator)

AlphaGo 的第二个大脑相对落子选择器而言是回答另一个问题,它不是去猜测具体下一步,而是在给定棋子位置情况下预测每一个棋手赢棋的概率。此"局面评估器"就是"价值网络"(value network),通过整体局面判断以辅助落子选择器。这个判断仅仅是大概的,但对提高处理效率很有帮助。通过分析归类潜在的未来局面的"好"与"坏",

AlphaGo 能够决定是否通过特殊变种深入分析。如果局面评估器说这个特殊变种不行，那么人工智能就跳过此次分析。

这些神经网络通过反复训练检查结果，再校对调整参数，让下次执行效果更好。此处理器有大量的随机性元素，所以人们是不可能精确知道网络如何"思考"的，但经过更多的训练后它将进化到更好。

3. 操作过程

为了应对围棋的复杂性，AlphaGo 结合了监督学习和强化学习的优势。它通过训练形成一个策略网络，将棋盘上的局势作为输入信息，并对所有可行的落子位置生成一个概率分布。然后，训练出一个价值网络对自我对弈进行预测，以 -1（对手的绝对胜利）到 1（AlphaGo 的绝对胜利）的评分标准预测所有可行落子位置的结果。这两个网络自身都十分强大，而 AlphaGo 将这两种网络整合进基于概率的蒙特卡罗树搜索中，实现了它真正的优势。新版的 AlphaGo 研究生成了大量自我对弈棋局，为下一代版本提供了训练数据，此过程循环往复。

在获取棋局信息后，AlphaGo 会根据策略网络探索同时具备高潜在价值和高可能性的落子位置，进而决定最佳结果。在分配的搜索时间结束时，模拟过程中被系统最频繁考察的位置将成为 AlphaGo 的最终选择。在经过对先期的全盘探索和过程中对最佳落子的不断揣摩后，AlphaGo 的搜索算法就能在其计算能力之上加入近似人类的直觉判断。

2017 年 1 月，谷歌 DeepMind 公司 CEO 戴密斯·哈萨比斯在德国慕尼黑 DLD（数字、生活、设计）创新大会上宣布推出真正 2.0 版本的 AlphaGo，其特点是摈弃了人类棋谱，只靠深度学习的方式促使人工智能成长起来并挑战围棋的极限。

第四部分 行 业 案 例

第 9 章

行业案例研究

◇ 9.1　银行业应用

9.1.1　大数据时代：银行如何玩转数据挖掘

银行信息化的迅速发展产生了大量的业务数据。从海量数据中提取出有价值的信息为银行的商业决策服务是数据挖掘的重要应用领域。如今，数据挖掘已在银行业有了广泛深入的应用，其主要可分为以下 3 方面。

1. 风险控制

风险管理是数据挖掘在银行业的重要应用之一，如信用风险评估。银行可通过构建信用评级模型以评估贷款人或信用卡申请人的个人信用水平。有效的信用风险评估的解决方案能对银行数据库中所有的账户指定信用评级标准，用若干数据库查询就可以得出信用风险的列表。这种对高/低风险的评级或分类是基于每个客户的账户特征的，如尚未偿还的贷款、信用调降报告记录、账户类型、收入水平及其他信息等。

银行账户的信用评估可采用直观量化的评分技术，将客户的海量信息数据以某种权重加以衡量，针对各种目标给出量化评分。以信用评分为例，通过由数据挖掘模型确定的权重来给每项申请的指标打分，加总后即可得到该申请人的信用评分情况。

银行是根据信用评分来决定是否接受申请、确定信用额度的。过去，信用评分的工作由银行信贷员完成，其只考虑几个经过测试的变量，如就业情况、收入、年龄、资产和负债等。现在应用数据挖掘的方法可以增加更多的变量，提高模型的精度、满足信用评价的需求。

通过数据挖掘，银行还可以根据异常的信用卡使用情况确定极端客户的消费行为，根据历史数据评定造成信贷风险客户的特征和背景，判断可能造成风险损失的客户。在对客户的资信和经营预测的基础上，银行可以运用系统的方法对信贷风险的类型和原因进行识别、估测，发现引起贷款风险的诱导因素，有效地控制和降低信贷风险。建立信用欺诈模型可以帮助银行发现具有潜在欺诈性的事件，开展欺诈侦查分析，预防和控制资金非法流失。

2. 客户管理

银行在客户管理生命周期的各个阶段,都会用到数据挖掘技术。

1) 获取客户

发现和开拓新客户对任何一家银行来说都至关重要。探索性的数据挖掘方法如自动探测聚类和购物篮分析等都可以用来找出客户数据库中的特征,预测某客户对银行活动的响应率。那些被定为有利的特征可以与新的非客户群匹配,以增加营销活动的效果。

数据挖掘还可从银行数据库存储的客户信息中根据事先设定的标准找到符合条件的客户群,也可以对客户进行聚类分析,让其自然分群,通过分析、预测和优化客户的服务收入、风险等相关因素找到新的目标客户。

2) 保留客户

通过数据挖掘,在发现流失客户的特征后,银行可以在具有相似特征的客户未流失之前采取额外增值服务、特殊待遇和激励忠诚度等措施,以保留客户。例如,使用信用卡损耗模型可以预测哪些客户将停止使用当前银行的信用卡而转用其他银行的卡,根据数据挖掘结果,银行可以采取措施来维持这些客户的信任。在得出可能流失的客户名单后,可对名单中的客户进行关怀访问,争取留住客户。

为留住老客户、防止客户流失,银行必须了解客户的需求。数据挖掘可以识别导致客户转移的关联因子,用模式找出当前客户中与流失客户相似的可能转移者,通过孤立点分析法可以发现客户的异常行为,从而使银行避免不必要的客户流失。

数据挖掘工具还可以对大量的客户资料进行分析,建立数据模型,确定客户的交易习惯、交易额度和交易频率,分析客户对某个产品的忠诚度和持久性等,从而为他们提供个性化服务,以提高客户忠诚度。

3) 优化客户服务

银行业竞争日益激烈,客户服务的质量是关系银行发展的重要因素。客户是一个可能根据年费、服务和优惠条件等因素变化而不断流动的团体,为客户提供优质和个性化的服务是取得客户信任的重要手段。根据“二八原则”,银行业 20% 的客户将创造 80% 的价值,要对这 20% 的客户实施最优质的服务,前提是发现这 20% 的重点客户。

发现重点客户通常是由一系列的数据挖掘来实现的。例如,通过分析客户对产品的应用频率、持续性等指标来判别客户的忠诚度,通过交易数据的详细分析来鉴别哪些是银行希望保持的客户。找到重点客户后,银行就能为客户提供有针对性的服务。

3. 数据挖掘在银行业的具体应用

数据挖掘技术在银行业中应用的一个重要前提条件是必须建立一个统一的中央客户数据库,以提高客户信息的分析能力。分析开始时,从数据库中收集与客户有关的所有信息和交易记录进行建模,对数据进行分析,对客户将来的行为进行预测。具体应用分为以下 5 个阶段。

1) 加载客户账户信息

这一阶段主要是进行数据清理,消除现有业务系统中与客户账户数据不一致有关的现象,将其整合到中央客户信息库。银行各业务部门对客户有统一的视图,可以进行相关的客户分析,如客户人数、客户分类和基本需求等。

2)加载客户交易信息

这一阶段主要是把客户与银行分销渠道的所有交易数据(包括柜台、ATM、信用卡、汇款和转账等)加载到中央市场客户信息库。完成这一阶段后,银行可以分析客户使用分销渠道的情况和分销渠道的容量,了解客户、渠道和服务三者之间的关系。

3)模型评测

该阶段将为客户的每一个账户建立利润评测模型,需要将收入的总金额纳入系统,因此需要加载系统的数据到中央数据库。这一阶段完成后,银行可以从组织、客户和产品 3 方面分析利润贡献度。例如,银行可以依据客户的利润贡献度安排合适的分销渠道,模拟和预测新产品对银行的利润贡献度等。

4)优化客户关系

银行应该掌握客户在生活、职业等方面的行为变化及外部的变化,抓住推销新产品和服务的时机。这需要银行将账户每天发生的交易明细数据定时加载到中央数据仓库并核对客户行为的变化。如有变化,银行应利用客户的购买倾向模型、渠道喜好模型、利润贡献模型、信用和风险评测模型等主动与客户取得联系。

5)风险评估

银行风险管理的对象主要是与资产和负债有关的风险,因此与资产负债有关的业务系统交易数据应被加载到中央数据仓库。然后,银行应按照不同的期间分析和计算利率敏感性资产和负债之间的缺口,掌握不同期间资本比率、资产负债结构、资金情况和净利息收入的变化。

9.1.2　中国工商银行客户关系管理案例

传统银行的转型实战:看中国工商银行是如何利用大数据洞察客户心声的。

1. 中国工商银行文本挖掘技术应用探索分享

中国工商银行在大家传统的印象当中是一个规模非常庞大的以经营稳健著称的大型商业银行,但近些年在大数据的挑战下,中国工商银行积极应对外界变化,做了一些转型,其中一个转型举措就是通过数据应用驱动业务变革。这里分享的主题就是和中国工商银行的客户服务相关的,即如何应用文本挖掘技术洞察客户的心声。来自各方海量的客户心声如图 9.1 所示。

除了官方服务渠道之外,现在客户越来越希望通过互联网社交网络的方式探讨热点话题,表达他们的心声。最近银行监测到这样一个热点话题,有人说"大家看清楚了,针孔摄像头就是这样装进 ATM 机偷看你的密码的"。这是一个风险事件,中国工商银行需要做到及时了解和掌握该事件。

同时在互联网的新闻网站上也有一些报道,有的市民在便利店蹭 WiFi,上网两小时,他的银行卡就被盗刷了,这是怎么办到的? 中国工商银行需要对这些事件做到了解掌控,并制定对应的措施。以上这些信息都是以文本方式存在的,为此,可以通过文本挖掘的方

图 9.1 来自各方海量的客户心声

法了解客户在说什么,挖掘出有价值的信息,这对中国工商银行客户服务质量的提升会有很大的帮助。

2. 传统的银行客户服务分析流程

传统的银行客户服务分析流程如图 9.2 所示。在客户拨打 95588 热线电话之后,客服座席人员会把客户说的话和要求记录下来,存到客户之声系统中,系统会对结构化的数据进行分析,如投诉的数量、客户对银行的满意度打分或问题处理时效。

图 9.2 传统的银行客户服务分析流程

对于客户反馈数据中的非结构化数据部分,就是客户所说的一些没办法做自动分析的话,传统流程只能由分析人员逐个人工处理,这部分数据的数量比较多,人工阅读很难做到非常全面,只能抽查,随机抽查了解客户的意愿。监测分析人员还会去登录一些新闻网站,了解近期有没有跟中国工商银行相关的事情发生,然后会把相关情况记录下来,人工编写一份服务报告。当时社交媒体是没有办法做到自动关注的。

3. 结合文本挖掘的客户服务分析流程

在结合了文本挖掘技术之后客户服务有了一些流程变化,新技术不但能对结构化数据做分析,而且也能从客户反馈的文本当中提取客户的热点意见,再把热点和结构化数据做关联分析,就能得到更加丰富的分析场景,这在下文会有详细介绍。

同时,通过文本挖掘,银行又新建了一套互联网舆情监测分析系统,该系统能够对互联网的金融网站和社交媒体网站做到自动监控和分析,当然,在有些重要的事情发生时系统可以自动地形成监测报告。新系统结合文本挖掘的客户服务分析流程如图 9.3 所示。

图 9.3　新系统结合文本挖掘的客户服务分析流程

从图 9.3 中的服务流程的演变可以看到旧流程新增了一些挖掘的功能。首先,从技术上讲新流程丰富了分析的手段,原来只能对结构化数据进行分析,现在能够对文本数据(客户所说的内容)进行分析;其次,扩大了分析的范围,原来只能关注中国工商银行官方服务渠道记录下来的信息,现在能够关注到互联网传播的信息;最后,提升了分析的效率,原来需要人工处理,现在可由机器自动处理。

4. 客户意见挖掘业务价值

提升这些技术之后就能在文本反馈当中发现客户的热点意见集中在哪些方面,如果能够对这些客户所反映的共性问题主动采取一些措施,优化业务流程,可以提升客户满意度和忠诚度,而另一方面这些来电的投诉量会进一步减少,从而降低服务成本,减少二次被动的服务投入。根据客户意见挖掘业务价值如图 9.4 所示。

图 9.4　根据客户意见挖掘业务价值

9.1.3　银行风险管理

1. 信用卡账单刷卡数据分析

银行信用卡风险管理如图 9.5 所示。

图 9.5　银行信用卡风险管理

对客户消费行为分析,人们谈得比较多的思路仍然需要先搞清楚分析目标,再根据对目标的分析、采集和处理需要的数据信息,即数据分析本身是 KPI 驱动的,那么如果从最原始的数据明细入手,应该如何拓展数据维度?

客户收到的信用卡账单往往有如下消费明细数据。

(1) 消费清单。包括卡号、姓名、消费商家、消费时间和消费金额。可以看到这个消费明细数据本身是相对简单的,如果不结合其他数据维度,单纯地做统计分析往往并不会产生太多的意义。任何数据分析都需要基于对原始数据的维度拓展上,维度拓展后的数据模型会更加丰富,可以产生多维度的分析和数据聚合。

(2) 人员信息。包括人员姓名、身份证号、年龄、性别、职业类型、居住地址和家庭信息。

(3) 商家信息。包括商家名称、商家地址和商家经营类型。

有了人员信息就有了第一层拓展,如对数据的聚合可以基于人员属性维度;消费明细数据可以按照消费者性别、年龄段和职业类型等进行聚合。识别人员的唯一标识不是姓名,而是人员的身份证号码,即通过身份证号码可以对一人多张信用卡的消费数据进行聚合。信用卡账单刷卡数据分析如图 9.6 所示。

图 9.6 信用卡账单刷卡数据分析

有了商家信息,银行可以根据商家的经营类型对不同类型的消费数据进行聚合。但是,商家详细地址信息本身是无法作为聚合标识的,因此银行要考虑在主体对象的属性中的单个属性本身进行层次扩展,即对地址信息进行扩展,如城市—区域—消费区域—商圈—大商场—具体地址。

一旦地址有了这个扩展,就可以看到最终的消费数据并将该数据类型按消费区域进行聚合,可以分析某一个商圈或商场的消费汇总数据,而这个数据本身是从原始消费明细数据中通过模型扩展出来的。

通过这个例子可以看到,任何动态的消费明细数据必须要配合大量的基础主数据,这些基础主数据可能是表格结构也可能是维度结构,这些数据必须被整理出来并关联映射到详细的消费明细数据。这样,最终的消费数据才容易基于维度的聚合,进行多维度的分析。

消费时间本身也是重要的维度,通过时间可以实现时间段进行数据汇总,时间本身可以按年、季度和月逐层展开,也是一种可以层次化展开的结构。同时可以注意到时间本身还可以进行消费频度的分析,即某一个时间段的刷卡次数数据,根据消费频度可以反推某一个区域本身在某些时间段的热度信息。

仅是信用卡的刷卡消费清单数据往往比较难以定位到具体的商品存货单位(stock keeping unit,SKU)信息上,而如果是一个大型超市,则详细的用户消费购买数据还可以再被明细到具体的商品上,将商品本身的维度属性展开又是可以进行拓展分析和聚合的内容。

数据本身可能具备相关性,刷卡消费的数据往往可以和其他数据直接发生相关性,例如,一个地区本身的大事件、一个区域举办的营销活动、从交通部门获取的某个区域的交通流量数据,这些都可能和最终的消费数据发生某种意义上的相关性。

仅从刷卡数据本身来看,由前面谈到可以根据商户定位到商家的经营范围,如究竟是餐饮类的还是服装类的,那么根据不同的经营类型可以分别统计刷卡消费数据,然后就可以分析,在餐饮类的消费金额增加时服装类的消费是否会增加,即餐饮商家究竟对一个商场的其他用品的销售有无带动作用。

同样的道理,这种方式可以分析不同年龄段人员的消费数据之间是否存在一定的相关性,这些相关性究竟存在于哪些类型的商品销售等。这些分析将方便人们制定更加有效的针对性营销策略。

2. 信用卡客户价值分析

客户价值分析就是通过数学模型由客户历史数据预测客户未来购买力,这是数据挖掘与数据分析中一个重要的研究和应用方向。RFM模型是衡量客户价值和客户盈利能力的重要工具和手段,是目前国际上成熟度、通用性、接受度均较好的主流客户价值分析预测方法。

该模型通过一个客户的近期购买行为、购买的总体频率以及花销三项指标来描述客户价值状况。

(1) R(recency,接近度):客户最近一次交易时间的间隔。R 值越大,表示客户交易发生的日期越远,反之则表示客户交易发生的日期越近。

(2) F(frequency,频率):客户在最近一段时间内交易的次数。F 值越大,表示客户交易越频繁,反之则表示客户交易不够活跃。

(3) M(monetary,金额):客户在最近一段时间内交易的金额。M 值越大,表示客户价值越高,反之则表示客户价值越低。

1) 预测模型

对银行而言,预测客户未来价值能够使银行将传统意义上的整体大众营销推进到分层差异化营销、一对一差异化营销的高度,对各分层客户采取不同的营销模式、产品策略和服务价格,从而推动和促进客户购买交易。

根据 RFM 方法,"客户价值"预测模型为

客户未来价值=银行未来收益-未来产品成本-未来关系营销费用

针对信用卡客户,此处的"未来"定义是指未来一年(也可以是未来一季度);"银行收益"包括信用卡年费、商户佣金和逾期利息以及其他手续费等;"产品成本"即产品研发、维护和服务成本,包括发卡、制卡、换卡和邮寄等费用以及其他服务费用;"关系营销费用"即关系维护和营销成本,包括商户活动、积分礼品兑换和营销宣传等。

(1) 预测未来收益。由于"银行收益"包括信用卡年费、商户佣金、逾期利息以及其他手续费等,这里统一称之为"购买金额",因此,"客户未来购买金额"预测模型为

客户未来购买金额=未来购买频率×未来平均金额×未来购买频率概率×
未来平均金额概率

其中,未来购买频率、未来平均金额、未来购买频率概率、未来平均金额概率均可通过客户购买行为的随机过程模型来描述和求解。针对信用卡客户,"客户购买行为"包括刷卡、透支、取现、支付、分期等以及客户消费习惯、还款习惯、收入贡献、信用额度、用卡来往区间、逾期时长、进件通路、客户服务和副卡的客户购买行为等。

(2) 预测未来产品成本和关系营销费用。RFM 方法只能预测客户未来购买金额(或银行未来收益情况),却不能预测未来产品成本和关系营销费用。因此,预测未来产品成本和关系营销费用需要采取其他方法。

首先要明确,未来产品成本和未来关系营销费用并不是两个随机值,而是遵循各自发生的规律;且客户未来关系营销费用通常服从客户历史关系营销费用与购买金额的比例,即服从关系营销投入产出比。

对信用卡客户而言,以"年"为最小期数进行分析和预测,则历史区间和未来区间通常是连续的,即两者之间无交易期数。所以,未来产品成本和未来关系营销费用的变化符合银行整体产品成本和营销费用的线性拟合回归规律。

因此,信用卡客户的"未来产品成本"预测模型与未来购买金额和客户关系管理(customer relationship management,CRM)毛利率相关,具体为

$$未来产品成本=未来购买金额 \times (1-CRM\ 毛利率)$$
$$CRM\ 毛利=购买金额-产品成本-关系营销费用$$

2) 客户价值

从以上分析可得出客户价值=CRM 毛利=购买金额-产品成本-关系营销费用。因此,在完整的客户关系生命周期内(即从建立关系到未流失的最近一次交易),分析客户未来价值的意义远大于分析客户历史价值。通常意义上的客户价值分析就是对客户未来的价值进行分析和预测。

对于预测出的客户未来价值的结果,可按客户价值分层并将传统的整体大众营销推进到分层差异化营销、一对一差异化营销的高度,其立足点就是客户价值的差异化分析。

分析和预测客户未来价值后,即可清楚一旦高端客户、大客户流失将会对未来造成怎样的利润损失,也可以挖掘出那些临近亏损或负价值的客户,并进行质疑分析,找出对策。但同时也要认识到,即使预测出客户的未来价值较高,也只能说明其价值势能(即潜在购买力)较高,坐等客户主动上门以提升其价值动能(实际购买力)是不现实的,还需要通过其他沟通交流和营销渠道(如短信发送、微博私信、微信和邮件推送等)与客户互动,推动客户追加购买和交叉购买。

通过上述过程可以将客户群划分入以下三维立方体中。因为有 3 个变量,所以要使用三维坐标系进行展示,X 轴表示 recency,Y 轴表示 frequency,Z 轴表示 monetary,坐标系的 8 个象限分别表示 8 类用户(重要价值客户、重要保持客户、重要发展客户、重要挽留客户、一般价值客户、一般保持客户、一般发展客户和一般挽留客户),如图 9.7 所示。

图 9.7　客户分析的三维立方体

接下来可以根据不同的客户价值属性进行针对性的营销。例如,可以对 R 象限右侧的客户(近期购买过产品的客户)进行向上和交叉销售,而对于需要挽留的客户(风险客户)则可以发起客户保留市场活动等。

◈ 9.2 保险业应用

9.2.1 保险业拥抱大数据时代或带来颠覆性变革

当今,数据已经渗透到每一个行业和业务领域,成为重要的生产因素。人们对海量数据的挖掘和运用预示着新一波生产率增长和消费者盈余浪潮的到来。中国的保险行业正在针对销售模式酝酿新的变革,互联网、大数据时代的到来给金融业造成的革命性、颠覆性的变化正在发酵,对保险业数据驾驭能力提出了新的挑战,也为保险业的大发展提供了前所未有的空间。

1. 深入挖掘大数据应用潜质

目前,大多数保险企业都已经认识到大数据改善决策流程和业务成效的潜能,但却不知道该如何入手,部分企业在大数据时代的浪潮下积极探索,成为先行者。2010年,阳光保险集团建成保险行业首个数据挖掘系统。利用该系统,阳光保险集团开展了许多保险大数据智慧应用的项目,取得了一些成果,同时培养出了国内保险行业的第一批数据挖掘师。

大数据应用的关键是理念。思维转变过来,数据就能被巧妙地用来激发新产品和新型服务的出现。举一个利用与不利用数据结果相去甚远的例子:淘宝现有一种运费保险,即淘宝买家退货时产生的退货运费原本由买家承担,如果买家购买了运费保险,退货运费由保险公司来承担。这种购买的结果是保险公司经营亏损很严重,直接导致它们不愿意再发展和扩大运费保险产品。运费保险产品真的必然亏损吗?答案是"否"。

保险公司可以设计一套大数据智慧应用的解决方案:因为退货发生的概率跟买家的习惯、卖家的习惯、商品的品种、商品的价值和淘宝的促销活动等都有关系,所以,使用以上种种数据、应用数据挖掘的方法建立退货发生的概率模型,植入系统就可以在每一笔交易发生时给出不同的保险费率,使保险费的收取与退货发生的概率相匹配,这样运费险就不会亏损了。

在此基础上,保险公司才有可能通过运费险扩大客户覆盖面,由严重亏损发展到成本控制得当并获取客户,通过分析挖掘大数据所提供的价值以吸引客户。

2. 大数据网络保险时代来临

大数据发展的障碍在于数据的流动性和可获取性,而网络完美地解决了这个问题。通过网络对大数据进行收集、发布、分析、预测会使决策更为精准,释放更多数据的隐藏价值。与传统保险方式相比,网络保险具有降低保险公司和保险中介机构运营成本、拓展保险公司和保险中介机构业务范围、构建新型营销手段、提供有价值的交互式交流工具、提供较高水平的信息服务、为客户提供便捷工具、使客户享受个性化服务、降低保险公司风险,更有效地保护客户隐私以及虚拟化的交易方式等特性。

从产品设计角度来说,大数据时代的网络保险能最大限度地满足不同客户的个性化需求:网络保险能优化客户的购买体验,大数据能根据客户需求设计出真正让客户满意的产品和服务,两者结合将完全是以客户为中心的。

从大数据时代的网络销售优势来看,一是大数据时代保险网销具有最广泛的客户群,有最大的发展潜力。二是互联网具有信息量大、传播速度快、透明度高的特点,交易双方信息更对称。通过建立新型的自动式网络服务系统,被保险人足不出户就可以方便、快捷地从保险公司的服务系统上获取从公司背景到具体保险产品的详细情况,还可以自由地选择所需要的保险公司及险种,并进行对比,从而获得低价、高效服务。三是节省费用,降低成本。通过网络出售保险或提供服务,保险公司只需支付低廉的网络服务费成本,从而降低房租、佣金、薪资、印刷费、交通费和通信费等成本的支出。四是数据管理方面的天然优势。保险市场专业化的深入、经营水平的提高、服务品质的提升都要建立在对数据尤其对客户消费数据的深入挖掘和分析基础之上。

可见,大数据时代下的网络保险有利于推动营销体制改革。多年来,我国一直以保险代理人作为保险推销体系的主体重点发展,在寿险推销方面形成了以寿险营销员为主体的寿险营销体系。但是,目前这种体制还存在较为突出的问题。客户缺乏与保险公司的直接交流会导致营销人员为急于获取保单而一味夸大投保的益处、隐瞒不足之处,给保险公司带来极大的道德风险,为保险业的长远发展埋下隐患。而且,营销人员素质良莠不齐又给保险公司带来极大的业务风险。此外,现有营销机制还存在效率低下的弊端。

因此,在大数据时代发展网络保险可以快速、便捷地进行信息收集、发布,完美地实现大数法则的精致应用,为公众提供低成本、高效率的保险服务。

3. 网络保险需多项配套支持

一是财政支持。在推进保险公司的信息化进程中,政府可采取诸如信息技术方面的投资部分抵销税收,税前可以预留部分资金用于信息技术改造等一系列措施,激励和推进大数据网络保险信息化进程。

二是培育网络保险集市。网络保险集市就是在网络上提供一个场所,使客户能在这里找到大量的保险公司,方便了解各个公司的基本信息或查询各个保险公司的同一种保险的有关信息,并对该险种的优劣进行对比分析,选择最佳的公司进行投保。网络保险集市不仅会给客户带来方便,同时也会扩大保险公司的影响和业务量。因此,保险公司应在中国保险监督管理委员会和行业协会的组织下全力支持并在网络保险集市上展示自有产品,进一步推动我国网络保险集市的发展。

三是建设大数据中心。大数据中心需要中国保险监督管理委员会和保险行业进行战略性的顶层设计。首先是与我国标准化数据管理中心进行合作,制定保险业数据标准化的制度。其次是通过5～10年逐步完成行业数据标准化建设,同时设计非线性能融合关系数据,并进一步扩展数据库。此外是设计柔性的框架和接口。通过以上步骤逐步完成我国保险业大数据中心的建设。

四是开发适合的险种。利用网络收集数据形成大数据,利用大数法则设计客户需求的产品,通过网络销售产品,并根据客户反馈进一步修正产品,实现开发与销售完美互动。

五是吸纳优秀人才和对已有员工进行在职教育。许多保险公司有一个规定,即无论是管理人员还是技术人员都必须完成一定的保险任务。似乎这条规定能为公司增加一些业务量,但是它无形之中就把一些优秀的保险管理人员和技术人员拒之门外。大数据时代需要一流的管理人才和技术人才,必须破除这条不成文的规定。同时还应该重视对已有员工进行保险专业知识、外语知识和信息技术知识再教育,通过再教育提高公司员工综合素质。

六是责任与自由并举的信息管理。调查显示,66%的被调查者最关心投保后支付保费的转账安全性。消费者对于网络消费的顾虑心理主要集中在对网上交易安全和个人隐私保护的担忧上。因此,网络保险应格外注重网络安全,实现责任与自由的矛盾的和谐统一。

9.2.2 保险欺诈识别

没有核保压力,网销意外险领域更易出现欺诈案件。随着欺诈手法的复杂化,反欺诈也需要用到大数据进行智能化反击。除了欺诈案件高发的车险领域,当前,保险欺诈正在向更大领域蔓延,在意外险、互联网保险以及农业保险等诸多领域,保险欺诈也正在显露苗头。

1. 网销意外险更易发生欺诈

中国保险监督管理委员会深圳监管局 2014 年 8 月 14 日发布消息称,该地区发生了几起互联网保险欺诈案件,在回复《证券日报》记者采访时,该局称,这几起案件的涉案金额不大,目前尚未结案,因此,目前尚不便公开具体案情。但业界人士认为,互联网保险欺诈风险事实上已经显露苗头。

中国保险监督管理委员会安徽监管局也曾发布消息称,互联网保险存在较大的道德风险,"短意险客户可以通过网络购买不同公司的短期意外险产品,目前已查明个别高风险客户在多个公司累计投保金额超过千万元",中国保险监督管理委员会安徽监管局在其调研报告中特别强调了网销短期意外险发生的风险,数据也表明,意外险正是目前网销保险最主要的品种。

江苏省公布的 2007—2013 年江苏十大典型保险欺诈案件中,其中一件即为投保人以本人作为被保险人,投保了 1000 余万元的人身意外伤害保险。此后,该投保人买来排骨,在剁排骨时故意将自己左手食指近节指端剁断,被鉴定为七级伤残。在到保险公司索赔过程中案发,该投保人被法院以保险欺诈罪(未遂)判处有期徒刑 6 年,并处罚金 5 万元。

业内人士认为,很多保险公司无论是网销意外险还是其他渠道销售该险种实际上都没有严格的核保流程,也缺乏相应的技术手段了解投保人在其他平台的投保情况,因此,意外险的欺诈风险并非网销渠道专属。不过,对投保人而言,通过网络购买比其他方式更加方便,也缺少被核保的心理障碍,因此更容易通过这种方式实施保险欺诈。

2. 大数据智能反欺诈兴起

保险公司和监管层一方面要解决理赔难问题,另一方面也要遏制保险欺诈。为净化保险环境,遏制保险欺诈,不少地方采取了多种措施,包括不同部门联手打击保险欺诈、建设信息平台杜绝信息孤岛等方式。

"保险公司内控薄弱,是保险欺诈案件时有发生的主要原因。"中国保险监督管理委员会吉林监管局在调研报告中指出。为此,各地在反保险欺诈工作中不仅要求保险公司加强内控,同时,针对保险欺诈涉及人员多等特点,反保险欺诈工作还通常与公安、法院和检察院等部门形成常态合作机制,例如,陕西省就建立并完善了"高风险修理厂数据库""高风险客户数据库"和"高风险从业人员数据库",为保险公司提供预警和服务。

陕西省反保险欺诈中心成立一年来(2013 年 7 月成立),各公司就向中心送报可疑线索 1819 件,涉及金额约 7000 万元;全省公安经侦部门侦破保险欺诈件 29 起,涉案金额 603 万元。因涉嫌保险欺诈,投保人或被保险人主动放弃索赔或公司拒赔案件达 1368 件,为保险公司预防和挽回经济损失达 5531 万元。

中国保险监督管理委员会上海监管局面对保险欺诈,充分利用上海市保险业的信息平台技术优势,依托"机动车辆保险联合信息平台""人身险综合信息平台"和"道路交通事故检验鉴定信息系统"推行大数据智能化反保险欺诈工作模式,具体包括利用大数据方式进行风险预警、关联排查以及数据串并,通过这些方式有效打击保险欺诈。

针对互联网时代的保险监管,中国保险监督管理委员会江西监管局提出,传统保险监管无法完全满足互联网保险的监管要求,互联网保险带来的新风险需要专业的风险监测和管控。虚拟网络世界跨省跨地域,需要进一步整合监管资源,保险监管在属地化管理过程中面临跨省监管的问题,需要上下联动、各局配合,委托监管和检查。该局还指出,要加强保险、银行和证券行业的监管水平,提升监管效能,还需要建立保险业网络征信数据库反保险欺诈。

◆ 9.3　证券期货应用

9.3.1　安徽省使用大数据监管证券期货

1. 违规证券期货难逃"电子眼"

普通商家的监管有工商部门的例行检查,但是金融领域的违规不免有一些隐蔽性。这样的隐蔽性违规如果未被发现,会给投资者带来巨大的经济损失。安徽省正在用科技手段来破解这一难题。

证券期货公司的各项数据都在计算机系统中,如果有人试图进行违规操作,大数据都会发现。这个大数据系统的违规抓取成功率非常高,"电子眼"并不那么好骗。目前查处的违规行为中,60%都是来自大数据的发现。

在股市频繁波动的背景之下,安徽省针对违规减持行为及时采取监管措施,并将发现的案件移送稽查部门查处。同时,加强对证券期货经营机构信用业务、资管业务等核心业务以及上市公司大股东股权质押风险的监控。

2. 融资"倒金字塔"结构正在改变

对于融资问题,不同规模的企业或许有着不同的选择。但是,目前安徽省融资渠道不断拓宽,过去的"倒金字塔"结构正在发生变化。

2015 年,安徽省新增首次公开募股(initial public offering,IPO)辅导备案企业 42 家,申报企业 9 家,8 家公司成功上市,全省境内上市公司达到 88 家,数量超过湖北省,跃居中部第一、全国第九;新三板挂牌企业新增 117 家,达到 162 家,数量居全国第九;省股权托管交易中心新增挂牌企业 488 家、托管企业 611 家,总数分别达到 710 家和 861 家。

全省资本市场完成直接融资 358.32 亿元,同比增长 60%,融资额与安徽省历史最高水平基本持平(2011 年融资 358.36 亿元)。其中,8 家公司 IPO,融资 40.12 亿元;13 家上市公司非公开发行股份,融资 178.21 亿元;59 家新三板挂牌公司开展 84 次定向发行,融资 20.41 亿元;10 家企业发行公司债券,融资 91 亿元;5 项资产支持证券成功发行,融资 28.58 亿元。

9.3.2　大数据分析挖出基金"老鼠仓"的启示

随着基金"老鼠仓"不断被揪出,"大数据监管"也逐渐被投资者所熟悉。靠大数据这个利器,监管机构对内幕交易的稽查力度越来越大,基金经理变更数量和比例也明显提高。

将大数据分析挖掘应用到证券基金监管中绝对是方向,绝对是远远超越传统监管方式的一把高科技监管利器。对于监管部门利用大数据利器,在挖掘基金"老鼠仓"上小试牛刀却大获全胜的做法应给予充分肯定。

证券期货基金市场无论是投资者开户还是交易,无论是交易场所还是投资分析,无论是股票期货基金托管还是交易资金银行第三方存管,所有交易活动完全是网络电子化的。任何投资者只要发生交易活动都会在网络上留下足迹,并且,这种足迹可以追查寻觅到每一个具体的投资者本人。这就为大数据在资本市场的应用奠定了基础,大数据可以在资本市场发挥几乎是无所不能的作用,包括挖出基金"老鼠仓"。

与传统监管手段完全处于被动地位相比较,大数据的应用简直是一个质的变化和大飞跃。两者的主要区别在于传统监管方式是被动的,效率极低,隔墙扔砖头,砸着谁是谁,逮住的是个别的,放走的是大多数。

传统监管方式主要有两种:一种是监管部门人员突然袭击,出现在证券基金公司,让所有人员立即离开,然后在证券基金工作人员计算机中现场检查发现线索;另一种是依靠内部举报。

大数据分析挖掘基金"老鼠仓",监管方式是主动的、全面的、高效的,不会放过任何一个"老鼠仓"。大数据用来挖"老鼠仓",主要是基于沪深两大交易所每天的海量数据,根据"老鼠仓"的主要特征,筛选出若干种具有"老鼠仓"特征的数据指标,在沪深两大交易所海量数据平台上时刻进行抓取。

从现有的公开资料来看,监管机构的大数据主要是沪深两大交易所各自掌握的监测系统。主要分为对内部交易的监察、对重大事项交易的监察、联动监察机制和实时监察机制 4 方面。这套监控系统有大数据分析能力，并有实时报警等功能，主要是对盘中的异常表现进行跟踪和判断。这是传统抓"老鼠仓"方式不可比拟的。传统监管方式就像用一线鱼钩垂钓一样，是被动等待鱼儿上钩，而借助大数据挖掘分析监管方式，就像向大海中撒了一张大网，一旦有异常情况就可以自动收网。

监管部门必须转变监管思路。过去运动式、集中行动式的人海战术监管方式，必须转变为以互联网思维、互联网金融和大数据模式为主的高效主动监管方式。

随着互联网的普及，特别是移动互联网的迅猛发展，所有社会经济文化等活动都将互联网化，都将由线下搬上网络。这就意味着无论是自然人、社会人还是法人的所有足迹都将广泛地、越来越多地在网络上留下印记和足迹。通过大数据对这些足迹进行挖掘，将会挖出一座大"金矿"。

大数据挖掘最大"老鼠仓"事件启示人们，大数据不仅具有商业挖掘价值，而且也是监管经济金融活动甚至是反腐败的利器。官员及其家属亲朋好友的通信、经济活动、财富存款、消费社会足迹等都可以通过大数据挖掘出来。例如，银行、证券和基金等系统已经比较完善，未来不动产也将进行全国联网，这就将使得官员及其家属亲朋好友的一切家庭个人财务活动都将在网络上通过大数据分析可以挖掘出来，一旦发生异常，就将成为反腐败的重要线索。

总之，大数据应该尽快上升到国家战略，作为重大科技项目全力推进。不仅仅是为了大数据科技和经济，也是反腐败的利器，具有重要的政治价值。

◆ 9.4　金融行业应用

9.4.1　大数据决定互联网金融未来

互联网金融不是互联网和金融的简单叠加，更深层次的变化是一些基于互联网应用的特有技术推动了新的商业模式、产品、服务、功能在金融业内出现，金融体系随之经历着新的变革。大数据就是其中的典型代表，它也被视为推动互联网金融发展的重要驱动力之一。

金融业是大数据的重要产生者，交易、报价、业绩报告、消费者研究报告、官方统计数据公报、调查、新闻报道无一不是数据来源。但反过来，大数据对于互联网金融发展的助推作用也逐渐浮现。

1. 目标用户拼精准

大数据对于互联网金融的第一个助推作用在于寻找合适的目标用户，实现精准营销。

互联网金融领域的新创企业或做贷款，或卖产品，凭借高额收益率、低廉手续费吸引用户，发展出了一种个人对个人（又称为点对点）的网络借款形式，即 P2P 形式，这是一种将小额资金聚集起来借贷给有资金需求人群的一种民间小额借贷模式。

然而，在越来越多同类企业吹响混战号角的同时，互联网金融企业也不得不面对来自同行业的竞争。盲目扩张、产品单一使竞争力不强的互联网金融企业因不能保证稳定流量、无法留住客户而倒闭，成为行业的"炮灰"。以互联网金融领域的 P2P 业务为例，最短命的 P2P 企业创立 2 天就倒闭了。

在巨大市场压力面前，许多互联网金融企业都已意识到自身产品的营销策略在很大程度上影响了企业的生存与发展。欲在竞争激烈的市场中占有一席之地，互联网金融企业需要更精准地定位产品并推送给目标人群。

谁是潜在的购买者？如何找到他们并让他们产生兴趣？

精准营销的实现程度是互联网金融企业存活与崛起的关键所在，这个领域虽然未达到成熟的发展状态，但确实已经有了一些有参考价值的营销案例。大数据在为这些互联网金融企业找到自己的目标客户，并解决精准营销的问题上发挥了重要作用。大数据通过动态定向技术查看互联网用户近期浏览过的理财网站，搜索过的关键词，通过浏览数据建立用户模型，进行产品实时推荐的优化投放，直击用户所需。

2. "芝麻信用"控风险

大数据在加强风险可控性，支持精细化管理方面助推了互联网金融，尤其是信贷服务的发展。

通过分析大量的网络交易及行为数据，可对用户进行信用评估，这些信用评估可以帮助互联网金融企业对用户的还款意愿及还款能力做出结论，继而为用户提供快速授信及现金分期服务。

事实上，一个人或一个群体的信用好坏取决于诸多变量，如收入、资产、个性和习惯等，且呈动态变化。可以说数据在个人信用体系中体现为"芝麻信用"，它便于解决陌生人之间以及商业交易场景中最基本的身份可信性问题，以及帮助互联网金融产品和服务的提供者识别风险与危机。这些数据广泛来源于网上银行、电商网站、社交网络、招聘网、婚介网、公积金社保网站、交通运输网站和搜索引擎，最终聚合形成个人身份认证、工作及教育背景认证和软信息（包括消费习惯、兴趣爱好、影响力和社交网络）等维度的信息。

支付宝的大数据服务部负责人以支付宝的用户数据举例，支付宝用户的上网足迹提供了涵盖购物、支付、投资、生活和公益等上百种场景数据。当人们在淘宝、天猫等电子商务平台上进行消费时就会留下信用数据，当这些信息积累到一定程度，再结合交易平台上的个人信息、口碑评价等进行量化处理后，就能形成用户的行为轨迹，这对还原每一个人的信用都发挥了相当大的作用。

同时，通过交叉检验技术，辅以第三方确认客户信息的真实性以及开发网络人际爬虫系统，突破地理距离的限制后可以更全面、更客观地得到风险评估结论，从而加强互联网金融服务风险的可审性与管理力度。

毫无疑问，大数据将在互联网金融行业中大显身手，但大数据只是分析工具，是人类设计的产物，不应被过分迷信。以 P2P 借贷行业为例，目前借贷业务不仅需要网络审核，更需要线下审核，信贷员的从业经验和责任心同样是信贷安全的重要保障。

另外，除了个别企业外，大部分互联网金融企业目前的用户规模和交易额都不大，缺乏大数据基础，也无力承担所需的基础设施和处理成本。在互联网金融的发展过程中，如何发挥大数据的优势,避免其劣势,将决定互联网金融的未来。

3.6 种可用于互联网金融风险控制(征信)的大数据来源

以第三方支付、P2P平台、众筹为代表的互联网金融模式引起了人们的广泛关注,该模式大量运用了搜索引擎、大数据、社交网络和云计算等技术,有效降低了市场信息的不对称程度,大幅节省了信息处理的成本,让支付结算变得更便捷,达到了同资本市场直接融资、银行间接融资一样高的资源配置效率。但由于我国互联网金融出现的时间短、发展快,目前还没有形成完善的监控机制和信用体系,一旦现有互联网金融体系失控,将会带来巨大的风险。

首先是信用风险大。目前我国信用体系尚不完善,互联网金融的相关法律还有待配套,互联网金融违约成本较低,容易引发恶意骗贷、卷款"跑路"等风险问题。特别是P2P网贷平台准入门槛低和缺乏监管,容易成为不法分子从事非法集资和诈骗等犯罪活动的主要平台。

其次是网络安全风险大。我国互联网安全问题突出,网络金融犯罪问题不容忽视。一旦遭遇黑客攻击,互联网金融的正常运作会受到影响。

互联网金融企业通过获得多渠道的大数据原料,利用数学运算和统计学的模型进行分析,从而评估出借款者的信用风险。在进行数据处理之前,对业务的理解、对数据的理解非常重要,这决定了要选取哪些数据原料进行数据挖掘,在进入"数据工厂"之前的工作量通常要占到整个过程的60%以上。

目前,可被用于助力互联网金融风险控制的数据存在多个来源。

一是电商大数据。以阿里巴巴为例,它已利用电商大数据建立了相对完善的风险控制数据挖掘系统,并通过旗下阿里巴巴、淘宝、天猫和支付宝等积累的大量交易数据作为基本素材,将数值输入网络行为评分模型进行信用评级。

二是信用卡类大数据。此类大数据将信用卡申请年份、通过与否、授信额度、卡片种类和还款金额等都作为信用评级的参考数据。

三是社交网站大数据。企业基于社交平台上的应用搭建借贷双方平台,并利用社交网络关系数据和朋友之间的相互信任聚合人气,平台上的借款人被分为若干信用等级,但却不必公布自己的信用历史。

四是小额贷款类大数据。目前可以充分利用的小贷风险控制数据包括信贷额度和违约记录等。由于单一企业信贷数据的数量级较低、地域性较强,业内共享数据的模式已逐步被认可。

五是第三方支付大数据。支付是互联网金融行业的资金入口和结算通道,此类平台可基于用户消费数据进行信用分析,支付方向、月支付额度、消费品牌都可以作为信用评级数据。

六是生活服务类网站大数据。这类数据包括水、电、燃气和物业费的缴纳记录等,此类数据客观真实地反映了个人基本信息,是信用评级中一种重要的数据类型。

9.4.2 移动大数据在互联网金融反欺诈领域的应用

1. 移动大数据的商业价值

在PC互联网时代,国内百度公司、阿里巴巴集团和腾讯公司三大互联网公司处于市场领先地位。不管用户是否喜欢这三大互联网公司,其网站仍然在运行中。但是在移动互联网时代,如果一个用户不喜欢这个应用,就可以在2秒内删掉这个App,彻底中断和它的连接,无论其是否属于这三大互联网公司。在移动互联网时代,选择权转向用户,消费者将成为数字世界的中心。过去以品牌为中心的消费形式,将会转变为以消费者为中心的消费形式。

智能手机上安装的App和App使用的频率可以代表用户的喜好。例如,喜欢理财的客户,其智能手机上一定会安装理财App并经常使用;母婴人群也会安装和母婴相关的App并频繁使用;商旅人群使用商旅App的频率一定会高于其他移动用户。未来"80后""90后"将成为社会的主要消费人群,他们的消费行为将会以移动互联网为主,App的安装和活跃数据更加能够反映出年轻人的消费偏好。

智能手机设备的位置信息代表了消费者的位置轨迹,这个轨迹可以推测出消费者的消费偏好和习惯。在美国,移动设备位置信息的商业化较为成熟,GPS数据正在帮助很多企业进行数据变现,提高社会运行效率。在中国,移动大数据的商业应用刚刚开始,在房地产业、零售行业、金融行业和市场分析等领域取得了一些效果。

特别是在互联网金融领域的应用,移动大数据正在帮助互联网金融企业实施反欺诈,降低恶意诈骗给互联网金融企业带来的损失。

2. 恶意欺诈成为互联网金融的主要风险

大量的金融行业专业人士和传统产业资本进入到互联网金融领域,表明这个产业的生命力正在不断增强,有的P2P企业的年交易额已经突破百亿元,有的P2P企业估值也超过了15亿美元。

但是在P2P行业,其面对的风险也在加大,除了传统的信用风险外,其外部欺诈风险正在成为一个主要风险。有公司统计,带给公司的最大外部风险不是借款人的坏账,而是犯罪集团的恶意欺诈。网络犯罪正在成为互联网金融企业面临的主要威胁之一,甚至在一些企业,恶意欺诈产生的损失占整体坏账的60%。很多P2P企业将主要精力放在预防恶意欺诈方面。识别高风险客户和管理黑名单成为预防恶意欺诈的主要手段。

3. 移动大数据在反欺诈领域的应用

移动大数据中的位置信息代表了用户行动轨迹,商业应用较早。

1)用户居住地的辨别

线上的欺诈行为具有较高的隐蔽性,很难识别和侦测。P2P贷款用户很大一部分来源于线上,因此恶意欺诈事件发生在线上的风险远远大于线下。中国的很多数据处于封闭状态,P2P企业在验证客户真实信息方面面临较大的挑战。

移动设备的位置信息可以辨识出设备持有人的居住地点,帮助 P2P 企业验证贷款申请人的居住地。例如,某个客户在利用手机申请贷款时,填写自己的居住地是上海。但是 P2P 企业依据其提供的手机设备信息,发现其过去 3 个月从来没有居住在上海,这个人提交的信息可能是假信息,发生恶意欺诈的风险较高。

2)用户工作地点的验证

借款用户的工作单位是用户还款能力的强相关信息,具有高薪工作的用户,其贷款信用违约率较低。这些客户成为很多贷款平台积极争取的客户,也是恶意欺诈团伙主要假冒的客户。

移动大数据可以帮助 P2P 企业在一定程度上验证贷款用户真实工作地点,降低犯罪分子利用高薪工作进行恶意欺诈的风险。例如,某个用户在申请贷款时,如果声明自己是工作在上海陆家嘴金融企业的高薪人士,其贷款审批会很快并且额度也会较高。但是 P2P 企业利用移动大数据,发现这个用户在过去的 3 个月里从来没有出现在陆家嘴,大多数时间在城乡结合处活动,那么这个用户恶意欺诈的可能性就较大。

3)欺诈聚集地的识别

恶意欺诈往往具有团伙作案和集中作案的特点。犯罪团伙成员常常会集中在一个临时地点,雇一些人短时间内进行疯狂作案。

移动设备的位置信息可以帮助 P2P 企业识别出现在同一个经纬度的群体性恶意欺诈事件,降低不良贷款发生的概率。大多数情况下,多个贷款用户在同一个小区居住的概率较低,同时贷款的概率更低。如果企业平台发现短短几天内,在同一个 GPS 经纬度,出现了大量贷款请求,并且用户信息很相似,申请者居住在偏远郊区,这些贷款请求的恶意欺诈可能性就较大。P2P 企业可以将这些异常行为定义为高风险事件,利用其他信息进一步识别和验证,降低恶意欺诈的风险。

4. 高风险贷款用户的识别

高风险客户也是 P2P 企业的风险。高风险客户的定义比较广泛,除了信用风险外,贷款人的身体健康情况也是一个重要参考。移动大数据的位置信息、安装的 App 类型、人们对 App 的使用习惯,在一定程度上可以反映贷款用户的高风险行为或高风险状态。

P2P 企业可以利用移动设备的位置信息了解用户过去 3 个月的行为轨迹。如果某个用户经常在半夜 2 点出现在酒吧等区域,并且经常有飙车行为,这个用户被定义成高风险客户的概率就较高。移动 App 的使用习惯和某些高风险 App 也可以帮助 P2P 企业识别出用户的高风险行为。如果用户经常在半夜 2 点频繁使用 App,经常使用一些具有较高风险的 App,其成为高风险客户的概率就较大。

当用户具有以上危险行为时,其身体健康就可能面临较大的威胁,P2P 企业可以参考移动数据,提高将客户列为高风险客户的概率,拒绝贷款或者提前收回贷款。降低用户危险行为导致坏账的风险。

移动大数据在预防互联网恶意欺诈和高风险客户识别方面已经有了成熟的应用场景。国内许多公司已经开始利用大数据预防互联网恶意欺诈和识别高风险客户,并取得了较好的效果。移动大数据应用场景正在被逐步挖掘出来,未来移动大数据商业应用领域将更加广阔。

◆ 9.5 大数据应用案例:网民睡眠面面观

下面整合了一些数据,分析国人衣、食、住、行的真实情况,大数据下的中国网民或许会令你大吃一惊!

睡眠是生命中最珍贵的事,编者通过大数据分析发现国人的几个怪现象:南方人比北方人更爱熬夜,单身比恋爱中的人睡的时间更长等。QQ 大数据发布的《网民睡眠质量报告》显示,"中国睡眠指数"的总得分为 66.5 分,较 2013 年的 64.3 分提升了 2.2 分,表明我国居民整体睡眠状况呈现向好发展趋势。但其中超过三成(36.2%)居民的得分低于及格线(60 分),这也说明了国人的睡眠状况两极化趋势渐现:整体来看,人们开始享受舒适的睡眠,但同时也有更多的人饱受睡眠障碍的困扰,如图 9.8 所示。

图 9.8 南方人比北方人更爱熬夜

调查发现一线城市网民睡眠时间最少,仅为 6.95 小时,熬夜用户占 20.9%。据统计,即使是在网民平均睡眠时间较长的城市呼和浩特,人们平均睡眠时长也只有 7.33 小时,并没有达到 8 小时。

相比女性,男性熬夜时间更长,较女性高了 4.7%。就年龄段而言,"90 后"的熬夜时间最长,达到了总人数的 31.5%。

热恋中的人平均比单身的人多睡 18 分钟,如图 9.9 所示。

在睡姿统计中,不同地域的人往往会选择不同的睡姿。可能睡姿也一定程度上暴露了性格,豪放的"东北爷们"最爱熊抱睡,如图 9.10 所示。

由于历史等各方面原因,南、北方人在身高、饮食等各个方面都有不小的差异,没想到连睡觉时间都不一样。南方人的熬夜指数比北方人大约高 5%。

手机等电子产品的普及和发展进一步"偷"走了用户的时间。很多人熬夜上网,玩游戏、看小说,对身体造成了极大的危害。5 年来,熬夜人数上升了 8%,平均睡眠时间也下

图 9.9　单身的人熬夜时间更长

图 9.10　不同地域的人往往会选择不同的睡姿

降了约 1 小时，由原来的 8.1 小时降到 7.05 小时。

　　睡眠和健康是直接相关的，在科技爆炸的时代，睡眠时间和质量越来越受人关注，建议国人还是要少熬夜，保持身体健康。

参 考 文 献

［1］ 舍恩伯格,库克耶. 大数据时代：生活、工作与思维的大变革［M］. 周涛,等译. 杭州：浙江人民出版社,2012.

［2］ 布劳卿,拉克,拉姆什,等. 大数据变革：让客户数据驱动利润奔跑［M］. 北京：机械工业出版社,2014.

［3］ 杨巨龙. 大数据技术全解：基础、设计、开发与实践［M］. 北京：电子工业出版社,2014.

［4］ 西格尔,周昕. 大数据预测［M］. 北京：中信出版社,2014.

［5］ THOMAS E, ZAIGHAM M, RICARDO P. 云计算：概念、技术与架构［M］. 北京：机械工业出版社,2014.

［6］ 刘鹏. 云计算［M］. 3 版. 北京：电子工业出版社,2015.

［7］ 林子雨. 大数据技术原理与应用：概念、存储、处理、分析与应用［M］. 北京：人民邮电出版社,2017.

［8］ 朱洁,罗华霖. 大数据架构详解：从数据获取到深度学习［M］. 北京：电子工业出版社,2015.

［9］ 埃尔. 大数据导论［M］. 北京：机械工业出版社,2017.

［10］ 黄源,蒋文豪,徐受蓉. 大数据分析：Python 爬虫、数据清洗和数据可视化［M］. 北京：清华大学出版社,2020.

［11］ 韦贝克. 大数据分析与变现：利润驱动［M］. 漆晨曦,译. 北京：清华大学出版社,2020.

［12］ 黄源,蒋文豪,徐受蓉,等. 大数据可视化技术与应用［M］. 北京：清华大学出版社,2020.

［13］ 杨俊. 实战大数据(Hadoop＋Spark＋Flink)——从平台构建到交互式数据分析［M］. 北京：机械工业出版社,2021.

［14］ 孙会峰. 2019 中国大数据产业发展白皮书［J］. 互联网经济, 2019 (9)：10-21.

［15］ 赛迪顾问,工信部赛迪智库. 2020 中国大数据产业发展白皮书［J］. 软件和集成电路,2021.

图 书 资 源 支 持

感谢您一直以来对清华版图书的支持和爱护。为了配合本书的使用,本书提供配套的资源,有需求的读者请扫描下方的"书圈"微信公众号二维码,在图书专区下载,也可以拨打电话或发送电子邮件咨询。

如果您在使用本书的过程中遇到了什么问题,或者有相关图书出版计划,也请您发邮件告诉我们,以便我们更好地为您服务。

我们的联系方式:

地　　址:北京市海淀区双清路学研大厦 A 座 714

邮　　编:100084

电　　话:010-83470236　010-83470237

客服邮箱:2301891038@qq.com

QQ:2301891038(请写明您的单位和姓名)

资源下载:关注公众号"书圈"下载配套资源。

资源下载、样书申请　　　　图书案例

书圈

清华计算机学堂

观看课程直播